Doc Lambacher hilft!
Deine Unterstützung zum Mathebuch
Gymnasium/Gesamtschule
Einführungsphase
1. Halbj.

AF221951

Doc Lambacher Hilft!

Deine Unterstützung zum Mathebuch

Gymnasium/Gesamtschule
Einführungsphase

1. Halbj.
NRW

Doc Lambacher

Bibliografische Information der Deutschen Bibliothek
Die Deutsche Bibliothek verzeichnet diese Publikation in der Deutschen Nationalbibliografie; detaillierte bibliografische Daten sind im Internet über http://dnb.ddb.de abrufbar.

Bibliografische Information der Deutschen Nationalbibliothek: Die Deutsche Nationalbibliothek
verzeichnet diese Publikation in der Deutschen Nationalbibliografie; detaillierte bibliografische
Daten sind im Internet über http://dnb.dnb.de abrufbar.

1. Auflage 2021
© 2021 Frank Pannwitz
Herstellung und Verlag:
BoD – Books on Demand, Norderstedt

ISBN: 978-3-7534-6456-5

Inhaltsverzeichnis

*Mach dir keine Sorgen wegen deiner Schwierigkeiten mit der Mathematik.
Ich kann dir versichern, dass meine noch größer sind.*

Albert Einstein

Über dieses Buch

Für wen ist das Buch?

Es ist kein Buch für Schüler oder Schülerinnen, die demnächst den Mathe-Leistungskurs belegen wollen.

Ich möchte mit der Buchreihe denen **helfen**, die Schwierigkeiten haben, dem Stoff im Unterricht zu folgen und noch etwas „**Nachhilfe**" benötigen.

Worum geht es in diesem Buch?

In diesem Buch beziehe ich mich auf die **NRW**-Ausgabe des Lambacher Schweizer für die **Einführungsphase** aus dem Jahr 2014, das bis heute im Unterricht eingesetzt wird (ISBN 978-3-12-735431-7).

In diesem Band besprechen wir den Inhalt des 1. Halbjahres, und zwar der Kapitel I – III (Seiten 4 - 107).

Wir kümmern uns also um:

- Funktionen,
- Ableitungen und
- Funktionsuntersuchungen.

Wie ist das Buch aufgebaut?

Jedes Kapitel startet mit einem Überblick der wichtigsten Lerninhalte des jeweiligen Kapitels des Lambacher Schweizer (Dunkelgrauer Kasten). Anschließend wiederhole ich den Stoff des Kapitels.

Anschließend werden ich die Lerninhalte der einzelnen Kapitel anhand von Beispielaufgaben oder Grafiken erarbeiten. D. h., dieses ist kein gewöhnliches Mathebuch, das einfach alles aufzählt, was man lernen musss, sondern wir lernen und vertiefen das Wissen beim Lösen von Aufgaben.

Die Beispielaufgaben, die ich vorrechne und erkläre, ähneln stets den Aufgaben in deinem Mathebuch, damit du weißt, wie du an die Aufgaben herangehen sollst. Am Rand findest du die Seite und Aufgabennummern im Mathebuch, die dem Aufgabentyp entspricht.

Ich habe bewusst nicht die gleichen Aufgabenstellungen gewählt: es ist ja nicht das Ziel, dass ich für dich die Aufgaben rechne, sondern dass du es schaffst, die Aufgaben selbständig lösen zu können. Ich möchte dir jeweils zeigen, wie du an die unterschiedlichen Aufgabentypen herangehst. Dann wird es auch in deiner Mathearbeit klappen!

Zum Festigen des Stoffes würde ich dir zum Abschluss eines jeden Kapitels empfehlen, noch einmal die Erläuterungen des Lambacher Schweizer anschauen. Das Mathebuch enthält in jedem Kapitel gute (wenn auch manchmal recht knappe) Erklärungen des Stoffs.

Ab und zu streue ich ein paar Grundlagen als Wiederholung ein, die dem einen oder anderen inzwischen entfallen sein könnte. Man findet sie in den hellgrauen Kästen und man erkennt sie am Zeichen ♻ .

Was gibt es sonst noch?

Wie du gemerkt hast, nehme ich mir die Freiheit, meine Leser zu duzen. Ich sehe mich als *dein* Trainer bzw. Coach und halte es daher wie im Sport, wo man sich auch duzt.
Apropos Sport: ohne Training geht nichts – da möchte ich dir nichts vormachen. Daher wird es leider nicht ausreichen, nur dieses Buch zu lesen. Du *musst* unbedingt weitere Aufgaben lösen – das Mathebuch gibt da einiges her.

Wenn du mir Feedback zu diesem Buch geben möchtest, Fehler gefunden hast oder allgemeine Fragen hast, dann kann du mir einfach eine E-Mail senden: **EF.nrw@DocLambacher.de**

Doch genug der allgemeinen Worte. **Auf geht's!**

1 Funktionen

1.1 Funktionen

LERNZIELE:
- **Funktionsgleichung**
- **Definitionsmenge/ -bereich**
- **Funktionswert**
- **Funktion**
- **Wertemenge**
- **Definitionslücke**
- **Intervall**

Als Wiederholung schauen wir uns zunächst die **Zahlenmengen** an:

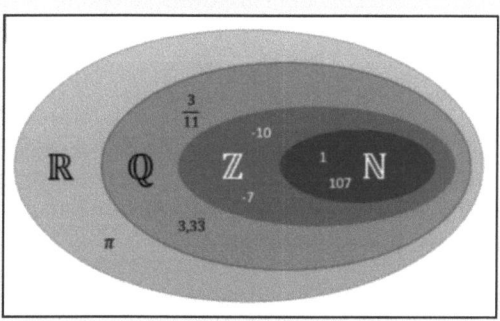

$\mathbb{N}$: natürliche Zahlen → alle positiven ganzen Zahlen
1, 2, 3, 4, ...

$\mathbb{Z}$: ganze Zahlen → alle negativen und positiven ganzen Zahlen
..., -2, - 1, 0, 1, 2, ...

$\mathbb{Q}$: rationale Zahlen → Brüche, deren Nenner und Zähler aus ganzen Zahlen bestehen

$\mathbb{R}$: reelle Zahlen → erweitert $\mathbb{Q}$ um Zahlen mit unendlich vielen Kommastellen, z. B. π. Es repräsentiert alle Zahlen auf dem Zahlenstrahl.

Einschränkungen oder Erweiterungen des Zahlenraums werden am Buchstaben angegeben, z. B.:

$\mathbb{N}_0$: Natürliche Zahlen inklusive Null

$\mathbb{R}^{\neq 0}$: alle reellen Zahlen ohne Null

Wichtig:

Wenn man $\mathbb{R}^+$ schreibt, meint man alle positiven reellen Zahlen, aber **ohne die Null**! Soll die Null mit dazu gehören, muss man $\mathbb{R}_0^+$ schreiben.

Alternative kann ich Mengeneinschränkungen auch so darstellen: Eine Menge soll alle reellen Zahlen außer der 3 enthalten: $\mathbb{R}\backslash\{3\}$.

In diesem Kapitel geht es um grundsätzliche mathematische Begriffe, die wir uns nun einzeln anschauen.

Betrachten wir hierzu zunächst die **Funktionsgleichung**

$$f(x) = x^3 - 2x$$

Als erstes benötigen wir die **Definitionsmenge D_f**.

Da wir in diese Funktion jeden beliebigen x-Wert des Zahlenstrahls einsetzen wollen, wählen wir alle reellen Zahlen (s. Wiederholung Zahlenmenge). Darüber hinaus gibt es keine Einschränkungen von Zahlenwerten, die nicht eingesetzt werden dürfen.

Ergebnis: **Definitionsmenge $D_f = \mathbb{R}$**

Damit wir die Funktion zeichnen können, müssen wir die **Funktionswerte $f(x)$** berechnen. D. h., wir wollen wissen, welchen Wert die Funktion hat, wenn ich ein bestimmtes x einsetze.

Als Beispiel wollen wir die Funktionswerte für $x_1 = -1$ und $x_2 = 2$ berechnen:

$x_1 = -1$:

$$f(-1) = (-1)^3 - 2 \cdot (-1) = -1 + 2$$
$$f(-1) = 1$$

$x_2 = 2$:

$$f(2) = 2^3 - 2 \cdot 2 = 8 - 4$$
$$f(2) = 4$$

Haben wir bzw. unser Taschenrechner genügend Funktionswerte berechnet, können wir den Graphen zeichnen:

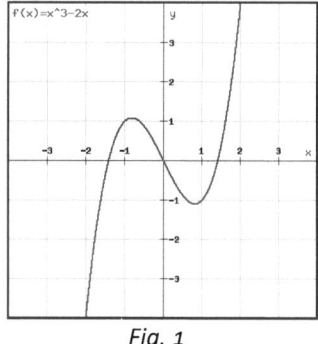

Fig. 1

Der Funktionswerte *f(x)* wird oftmals auch als **y-Wert** bezeichnet.

Wichtig: Für **jeden x-Wert darf es** nur **einen Funktionswert *f(x)*** (y-Wert)
geben (s. Fig. 1). Nur dann handelt es sich um eine Funktion!

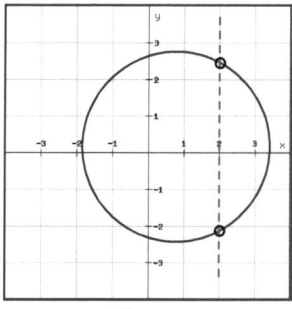

Fig. 2

Fig. 2 stellt somit keine Funktion dar, da (fast) alle x-Werte zwei y-Werte
aufweisen. Z. B. bei x = 2 (gestrichelte Linie in Fig. 2) erhalten wir zwei y-
Werte: y_1 = -2,15 und y_2 = 2,46.

Die Menge der gesamten Funktionswerte f(x) einer Funktion bezeichnet
man als **Wertemenge W_f.**
D. h., in dieser Menge sind alle Ergebnisse (y-Werte) enthalten, die ich
bekomme, wenn ich meine x-Werte einsetze.

Kommen wir zur **Definitionslücke**. Hierzu schauen wir uns die Funktion $g(x) = \frac{6}{x^2}$ an:

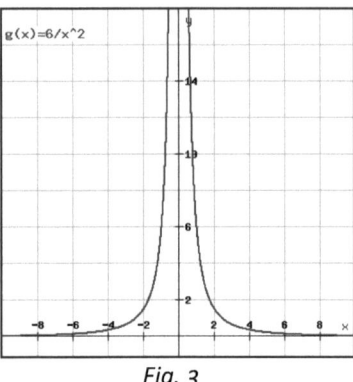

Fig. 3

In diese Funktion dürfen wir nicht den Wert $x = 0$ einsetzen, da das Teilen durch Null bekanntlich nicht erlaubt ist.
Unser Definitionsbereich hat also an der Stelle $x = 0$ eine Lücke, die sogenannte **Definitionslücke**.
Unser Definitionsbereich lautet also für g(x):

$$D_g = \mathbb{R}\backslash\{0\} = \mathbb{R}^{\neq 0}$$

Es ist darüber hinaus möglich, den Definitionsbereich auf ein **Intervall** zu beschränken, z. B. kann ich nur die Werte von $1 \leq x \leq 10$ betrachten. Die Kurzschreibweise lautet dann [1;10] und bedeutet in unserem Fall: $[1; 10] = \{x \in \mathbb{R} \mid 1 \leq x \leq 10\}$

Falls euch der letzte Ausdruck nichts mehr sagt:

$$\{x \in \mathbb{R} \mid 1 \leq x \leq 10\}$$

x ist Element der reellen Zahlen   für die gilt

Bedeutet: Menge aller x in $\mathbb{R}$, für die gilt, x ist größer gleich 1 und x ist kleiner gleich 10

Zum Abschluss wollen wir uns eine ein paar Aufgabe anschauen:

A) Du hast die Funktionen: S.10; 2

$$f(x) = -\frac{1}{x}$$

$$g(x) = -2(x - 3)^2 + 4$$

1) Bestimme die Funktionswerte von den gegebenen Funktionen an den Stellen -3; 2 und 15.

Hierzu setzen wir einfach die gegebenen x-Werte in die jeweiligen Funktionen ein:

$$f(x) = -\frac{1}{x}$$

$$f(-3) = -\frac{1}{-3} = \frac{1}{3}$$

$$f(2) = -\frac{1}{2}$$

$$f(15) = -\frac{1}{15}$$

$$g(x) = -2(x - 3)^2 + 4$$

$$g(-3) = -2 \cdot (-3 - 3)^2 + 4 = -68$$

$$g(2) = -2 \cdot (2 - 3)^2 + 4 = 2$$

$$g(15) = -2 \cdot (15 - 3)^2 + 4 = -284$$

2) Bestimme die Definitionsmenge der Funktionen.

Um alle Werte annehmen zu können, bewegen wir uns grundsätzlich im reellen Raum $\mathbb{R}$.

Wir müssen nun prüfen, ob es x-Werte gibt, die nicht erlaubt sind:

Wir wissen, dass nicht durch Null geteilt werden darf. Somit darf bei $f(x) = -\frac{1}{x}$ x nicht den Wert Null annehmen.

Wir haben also die Definitionsmenge

$$D_f = \mathbb{R}\setminus\{0\} = \mathbb{R}^{\neq 0}$$

Für *g(x)* gibt es keine Einschränkungen, so dass deren Definitions-menge $D_g = \mathbb{R}$ ist.

3) *Skizziere die Graphen der Funktionen und bestimme die Wertemenge der Funktionen.*

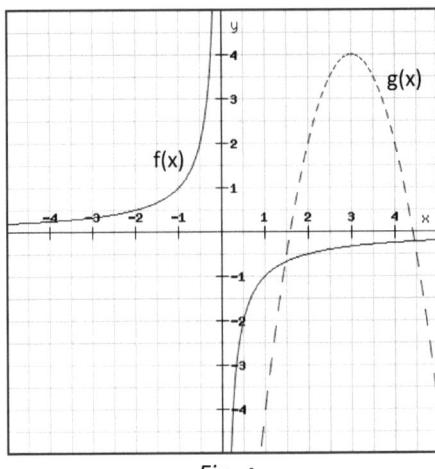

Fig. 4

Auch bei der Wertemenge der Funktionen bewegen wir uns grundsätz-lich im reellen Raum $\mathbb{R}$, da unser Definitionsbereich der reelle Raum ist.

$f(x) = -\dfrac{1}{x}$ (Fig. 4):

Nahe dem Nullpunkt gehen die y-Werte für positive x-Werte ins Nega-tivunendliche und für negative x-Wert ins Positivunendliche. Damit ha-ben wir schon einmal das Intervall $[-\infty\,;+\infty]$.

Auch wenn die x-Werte ins negativ oder positiv Unendliche gehen, wird der y-Wert Null nie erreicht. D. h. unser Wertebereich enthält nicht die Null.

Somit erhalten wir als y-Werte alle reellen Zahlen außer der Null:

$$W_f = \mathbb{R} \setminus \{0\}$$

$g(x) = -2(x - 3)^2 + 4$ (Fig. 4):

Am Graphen erkennen wir, dass es sich um eine nach unten geöffnete Parabel handelt, deren Scheitelpunkt einen positiven y-Wert hat. Diesen y-Wert könnt ihr jedoch noch nicht berechnen; ihr könnt ihn nur näherungsweise durch Einsetzen von x-Werten bestimmen und seht, dass das Maximum der y-Werte bei x = 3 liegt. Somit liegt unser größter zu erreichende y-Wert bei 4 (Ergebnis aus Aufgabe a). Der Wertebereich ist also

$$W_g = [-\infty\,;4]\text{ in }\mathbb{R},$$

oder anders ausgedrückt

$$W_g = \{y \in \mathbb{R} \mid y \leq 4\} = [-\infty;4]$$

4) *Liegen die Punkte P (1|-1) und Q (4|2) auf den Graphen der Funktionen f(x) und g(x)?*

Dieses ist einfach zu überprüfen. Wir setzen den jeweiligen x-Wert in unsere Funktion ein und überprüfen, ob das Ergebnis zum y-Wert des jeweiligen Punktes passt.

Für *f(x)* gilt also:

P (1|-1)

$$f(x) = -\frac{1}{x}$$

$$f(1) = -\frac{1}{1} = -1 \;\rightarrow\; \text{P ist ein Punkt auf der Funktion f}$$

Q (4|2): $f(4) = -\frac{1}{4} \neq 2 \;\rightarrow\;$ Q ist kein Punkt auf der Funktion f

Das gleiche machen wir für die Funktion *g(x)*:

P (1|-1): $g(1) = -2(1 - 3)^2 + 4 = -4 \neq -1$

→ P ist kein Punkt auf der Funktion g

Q (4|2): $g(4) = -2(4 - 3)^2 + 4 = 2$

→ Q ist ein Punkt auf der Funktion g

1.2 Lineare und quadratische Funktionen

LERNZIELE:
- **Lineare Funktionen**
- **Quadratische Funktionen**
- **Nullstelle**
- **Scheitelpunkt**

Der Inhalt dieses Kapitel ist eine kurze Wiederholung und könnte euch aus früheren Schuljahren bekannt sein.
Fangen wir mit den linearen Funktionen an. Ich hoffe, ihr erinnert euch noch:

Lineare Funktion: $f(x) = m \cdot x + n$

n ist der **y-Achsenabschnitt** und **m** ist die **Steigung** der Funktion.

Aber schauen wir es uns noch einmal an. **Lineare Funktionen** stellen **Geraden** dar.

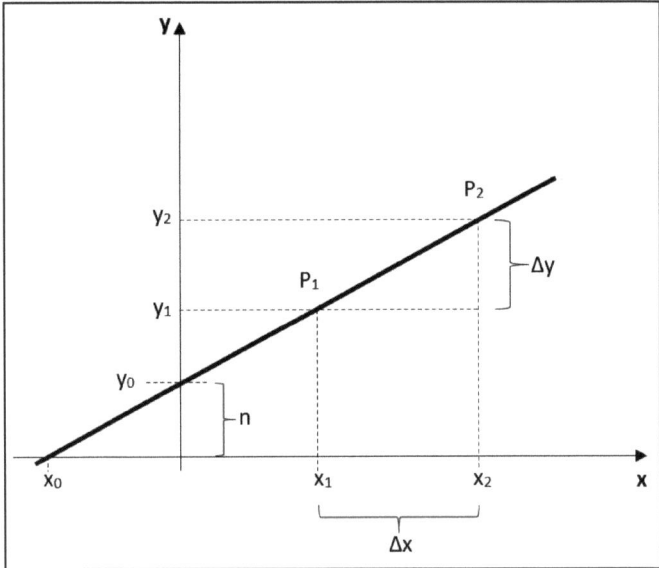

Fig. 5

Der **y-Achsenabschnitt n** ist der y-Wert, bei dem die Funktion die y-Achse schneidet. D. h., es ist der y-Wert, bei dem x = 0 ist:

$$n = f(0)$$

Wenn die Funktion die x-Achse schneidet, so wird diese Stelle **Nullstelle** genannt, d. h. es ist der x-Wert x_0, bei dem unsere Funktion gleich Null ist:

$$f(x_0) = 0 \text{ bzw. in unserem Fall}$$

$$f(x_0) = m \cdot x_0 + n = 0$$

Eine lineare Funktion kann immer nur maximal eine Nullstelle besitzen!

Nun fehlt uns noch die **Steigung m** der Funktion. Schauen wir uns dafür Fig. 5 an. Wenn ich mich auf unserer Funktion vom Punkt P_1 zum Punkt P_2 bewege, legen wir in x-Richtung einen Weg zurück, und zwar Δx. Während dessen ändert sich der y-Wert um den Wert Δy.

Die Steigung m ist definiert als:

$$m = \frac{\Delta y}{\Delta x} = \frac{y_2 - y_1}{x_2 - x_1}$$

In der Mathematik wird auch ein Gefälle als Steigung bezeichnet, m ist dann halt negativ (m < 0).

Kommen wir noch einmal zu den Nullstellen zurück. Wann hat unsere lineare Funktion denn gar keine Nullstelle?
Grübel… Grübel…: Richtig, wenn die Steigung m = 0 ist und wir somit eine Parallele zu x-Achse haben, z. B. f(x) = 3 (zugegeben, das ist ein Sonderfall).

Rechnen wir einfach ein bisschen, um das Bisherige klarer zu machen:

Nehmen wir die Funktion $f(x) = \frac{2}{3}x + 2$ und bestimmen die Schnittpunkte mit den beiden Achsen:

Den y-Achsabschnitt n erhalten wir bei x = 0:

$$n = f(0) = \frac{2}{3} \cdot 0 + 2$$

$$n = 2$$

Die Nullstelle x_0 erhalten wir, wenn $f(x_0) = 0$ ist:

$$\frac{2}{3}x_0 + 2 = 0 \qquad\qquad | -2$$

$$\frac{2}{3}x_0 = -2 \qquad\qquad | \cdot \frac{3}{2}$$

$$x_0 = -2 \cdot \frac{3}{2}$$

$$x_0 = -3$$

Lösen wir ein paar Aufgaben:

S.12; 1   *A) Bestimme mit den jeweiligen Informationen die Funktionsgleichung einer linearen Funktion:*

1) m = 4 und Punkt P (1|12) auf der Funktion

Als erstes können wir m in unsere Funktionsgleichung einsetzen:

$$f(x) = m \cdot x + n$$
$$f(x) = 4x + n$$

Nun fehlt uns nur noch der Achsabschnitt n. Hierfür setzen wir den Punkt P ein, von dem wir wissen, dass wir bei x =1 den Wert y = 12 erhalten:

$$f(1) = 4 \cdot 1 + n = 12 \qquad | -4$$
$$n = 8$$

Damit haben wir die Funktionsgleichung:

$$f(x) = 4x + 8$$

2) Punkte P (4|2) und Q (6|8) auf der Funktion

Wir hatten gelernt, dass man die Steigung m mit zwei Punkten auf der Funktion berechnen kann:

$$m = \frac{y_2 - y_1}{x_2 - x_1}$$

Setzen wir also unsere beiden Punkte ein:

$$m = \frac{2 - 8}{4 - 6}$$
$$\;\; P \quad\;\; Q$$

$$m = \frac{-6}{-2} = 3$$

Man kann und darf die Punkte auch andersherum einsetzen; das Ergebnis bleibt dasselbe:

$$m = \frac{8 - 2}{6 - 4} = \frac{6}{2} = 3$$

Wir haben also nun:

$$f(x) = 3x + n$$

Wir müssen also wieder den Achsenabschnitt n berechnen. Hierfür setzen wir einen Punkt auf der Geraden ein. Es ist egal welchen Punkt wir einsetzen. Ich nehme P; ihr könnt es mit Q einmal selbst versuchen.

$$f(4) = 3 \cdot 4 + n = 2 \quad | - 12$$
$$n = -10$$

Damit haben wir als Ergebnis die Funktionsgleichung:

$$f(x) = 3x - 10$$

3) n = -1,5 und Punkt R (2,5 | 16) auf der Funktion

Wir können den Achsabschnitt n direkt in die Gleichung einsetzen:

$$f(x) = mx - 1,5$$

Dieses Mal fehlt uns die Steigung m.

Da wir den Punkt R (2,5 | 16) haben, setzen wir dessen Werte in die Gleichung ein:

$$f(2,5) = m \cdot 2,5 - 1,5 = 16 \quad | +1,5$$
$$2,5m = 17,5 \quad | : 2,5$$
$$m = 7$$

Damit haben wir die Funktionsgleichung:

$$f(x) = 7x - 1,5$$

Kommen wir nun zu den **quadratischen Funktionen**:

Normalform: $f(x) = ax^2 + bx + c$

Scheitelform: $f(x) = a(x - d)^2 + e$
mit S(d|e) als Scheitelpunkt der Funktion

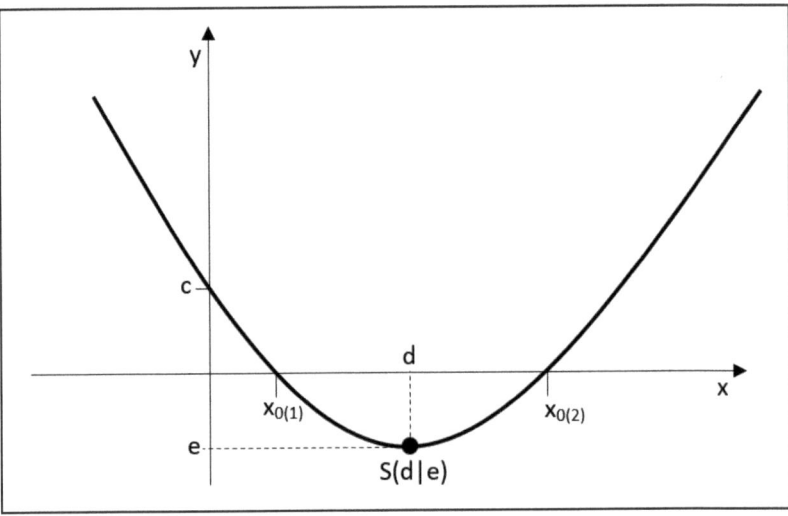

Fig. 6

Um den **Schnittpunkt** der Funktion mit der **y-Achse** zu berechnen, verwenden wir die Normalform. Den Schnittpunkt erhalten wir, wenn x = 0 ist und wir erhalten **c** als **y-Achsenabschnitt**:

$$f(x) = ax^2 + bx + c$$
$$f(0) = a \cdot 0^2 + b \cdot 0 + c$$
$$f(0) = c$$

a wird **Streckungsfaktor** genannt und bestimmt, ob die Parabel gestaucht oder gestreckt ist. Ist a < 0, ist die Parabel nach unten geöffnet. Mehr hierzu im nächsten Kapitel.

Nullstellen erhält man, wenn die Funktion die x-Achse schneidet, d. h. es ist der x-Wert x_0, bei dem unsere Funktion gleich Null ist:

$$f(x_0) = 0 \quad \text{bzw. in unserem Fall}$$

$$f(x_0) = ax_0^2 + bx_0 + c = 0$$

Wie das gelöst wird, wisst ihr hoffentlich noch:

- Funktion in die Form f(x) = x² + px + q bringen
- p/q- Formel anwenden:

$$x_{1,2} = -\frac{p}{2} \pm \sqrt{\frac{p^2}{4} - q}$$

Ein Beispiel: Berechne die Nullstellen für die Funktion

$$f(x) = 3x^2 - 6x - 24$$

1. f(x) gleich Null setzen:

$$0 = 3x^2 - 6x - 24$$

2. In die Form $f(x) = x^2 + px + q$ bringen:

$$0 = 3x^2 - 6x - 24 \qquad | :3$$
$$0 = x^2 - 2x - 8$$
$$p = -2 ; \quad q = -8$$

3. p/q-Formel anwenden:

$$x_{1,2} = -\frac{p}{2} \pm \sqrt{\frac{p^2}{4} - q}$$

$$x_{1,2} = -\frac{-2}{2} \pm \sqrt{\frac{(-2)^2}{4} - (-8)}$$

$$x_{1,2} = \frac{2}{2} \pm \sqrt{\frac{4}{4} + 8} = 1 \pm \sqrt{9}$$

$$x_{1,2} = 1 \pm 3$$

$$x_1 = 4$$

$$x_2 = -2$$

Die Nullstellen der Funktion $f(x) = 3x^2 - 6x - 24$ liegen bei $x_1 = 4$ und $x_2 = -2$.

Üben wir ein wenig:

S.13; 6 **1)** *Bestimme die Schnittpunkte der Funktion $f(x) = x^2 + 4x$ mit den Koordinatenachsen*

y- Achsenabschnitt c:

In diesem Fall fehlt c in der Normalform $f(x) = x^2 + 4x$ ⟵ Hier steht nichts

D. h.,   c = 0

Die Nullstellen:

$$x^2 + 4x = 0$$

$$x(x + 4) = 0$$

Ein Produkt ist gleich Null, wenn mindestens ein Faktor gleich Null ist. Wir erhalten damit als Nullstellen:

$$x_1 = 0$$

sowie

$$x_2 + 4 = 0$$
$$x_2 = -4$$

S.13; 8 **2)** *Bestimme die Schnittpunkte der Funktion $f(x) = 4x^2 - 24x - 8$ mit den Koordinatenachsen*

y- Achsenabschnitt c:

$$f(0) = 4 \cdot 0^2 - 24 \cdot 0 - 8$$
$$c = -8$$

Das können wir natürlich auch direkt aus der Normalform ablesen.

Nullstellen: Folgen wir unserem Rezept:

1. f(x) gleich Null setzen:

$$0 = 4x^2 - 24x - 8$$

2. In die Form $f(x) = x^2 + px + q$ bringen:

$$0 = 4x^2 - 24x - 8 \qquad | :4$$
$$0 = x^2 - 6x - 2$$
$$p = -6; \quad q = -2$$

3. p/q-Formel anwenden:

$$x_{1,2} = -\frac{p}{2} \pm \sqrt{\frac{p^2}{4} - q}$$

$$x_{1,2} = -\frac{-6}{2} \pm \sqrt{\frac{(-6)^2}{4} - (-2)}$$

$$x_{1,2} = \frac{6}{2} \pm \sqrt{\frac{36}{4} + 2}$$

$$x_{1,2} = 3 \pm \sqrt{11}$$

$$x_1 = 6{,}32$$

$$x_2 = -0{,}32$$

Wir erhalten die Nullstellen $x_1 = 6{,}32$ und $x_2 = -0{,}32$.

Zum Abschluss noch eine schöne Aufgabe:

A) *Auf einer Firmenfeier stehen als Dekoration zwei Eissäulen. Eine ist 150 cm hoch und schmilzt in 10 Stunden. Die zweite ist 200 cm hoch und schmilzt in 8 Stunden.* S.13;12

1) Stelle die Funktionsgleichungen auf und zeichne beide Funktionen.

Wir können davon ausgehen, dass die Eissäulen konstant schmelzen und wir somit von einer linearen Funktion ausgehen können:

Eissäule 1: $$f(x) = m_f \cdot x + n_f$$

Eissäule 2: $$g(x) = m_g \cdot x + n_g$$

Der x-Wert stellt die Schmelzdauer dar und der y-Wert die Eissäulenlänge.

Zur 0. Stunden kennen wir die Eissäulenlängen:

Eissäule 1: $$f(0) = 150$$

Eissäule 2: $$g(0) = 200$$

Wie wir gelernt haben, entspricht der *f(0)*-Wert dem y-Achsenabschnitt n. Damit haben wir als Zwischenergebnis:

Eissäule 1: $$f(x) = m_f \cdot x + 150$$

Eissäule 2: $$g(x) = m_g \cdot x + 200$$

Es fehlen nun noch die Steigungen der Funktionen. Hierzu setzen wir einen bekannten Punkt ein. Wir wissen, dass nach 10 bzw. 8 Stunden der Wert *y = 0* erreicht ist (Eissäule ist geschmolzen):

Eissäule 1: $$P_f(10|0)$$

Eissäule 2: $$P_g(8|0)$$

Diesen Punkt setzen wir jeweils ein:

Eissäule 1:

$$f(10) = m_f \cdot 10 + 150 = 0$$
$$10 \cdot m_f = -150$$
$$m_f = -15$$

Eissäule 2:

$$g(8) = m_g \cdot 8 + 200 = 0$$
$$8 \cdot m_g = -200$$
$$m_g = -25$$

Nun haben wir beide Funktionsgleichungen:

Eissäule 1: $\qquad f(x) = -15 \cdot x + 150$

Eissäule 2: $\qquad g(x) = -25 \cdot x + 200$

Da es keine negative Schmelzdauer und auch keine negative Säulenlänge geben kann, befinden wir uns nur im I. Quadranten. D. h. Sowohl die Definitionsmenge als auch der Wertebereich liegt im positiven reellen Raum inkl. der Null $\mathbb{R}_0^+$.

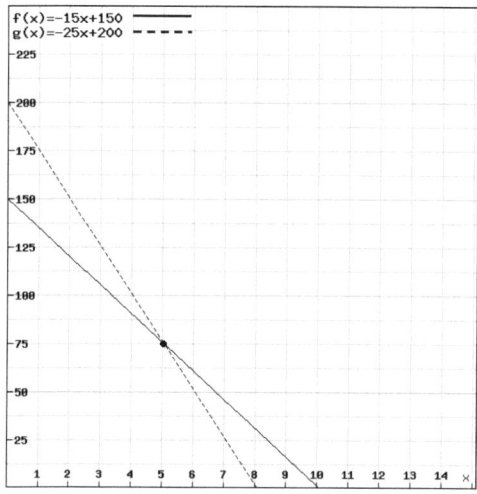

2) *Die Eissäulen werden zeitgleich aufgestellt und beginnen zu schmel-zen. Wann sind sie gleich lang?*

Gleichlang bedeutet, dass der y-Wert beider Funktionen gleich ist (denn der y-Wert stellt ja unsere Säulenlänge dar!)
D. h., zum Zeitpunkt t (bei uns der Wert x_t) haben beide Funktionen den gleichen Wert:

$$f(x_t) = g(x_t)$$

$$-15x_t + 150 = -25x_t + 200 \qquad | +25x_t - 150$$

$$10x_t = 50$$

$$x_t = 5$$

Ergebnis: Nach fünf Stunden haben beide Eissäulen die gleiche Länge.

1.3   Potenzfunktionen

LERNZIELE:
- **Potenzfunktionen**
- **Stauchungs- bzw. Streckungsfaktor**
- **Wurzelfunktion**

In diesem kurzen Kapitel gehen wir einen Schritt bzw. **n** Schritte weiter. Von der quadratischen Funktion zur allgemeinen **Potenzfunktion:**

$$f(x) = ax^n$$

n gibt hierbei den Grad der Potenzfunktion an. Hierbei ist $n \in \mathbb{N}$. Z. B. ist $f(x) = ax^3$ ein Potenzfunktion 3. Grades.

Die Potenzfunktion hat **kein absolutes Glied**. Sollte ein absolutes Glied auftauchen, wie z. B. bei $f(x) = 3x^2 + 7$, sprechen wir von ganzrationalen Funktionen. Die bekommen wir im nächsten Kapitel.

a ist hierbei der Streckungs- oder Stauchungsfaktor.

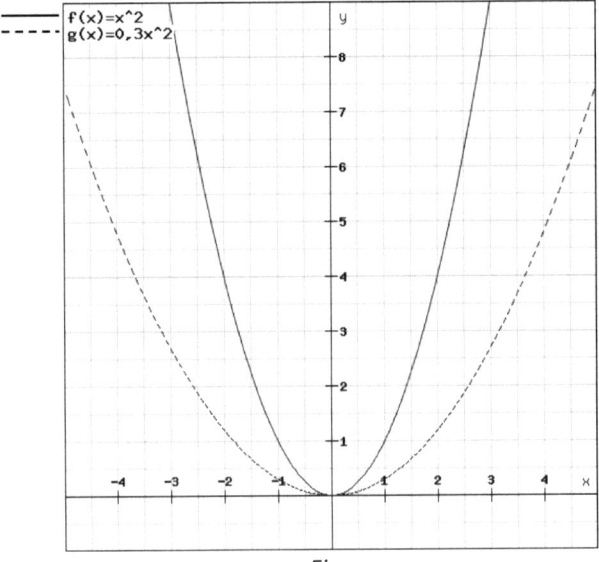

Fig. 7

Wenn a zwischen -1 und 1 liegt ($-1 < a < 1$) sprechen wir von einer Stauchung. Die Funktion wird breiter; sie hat eins auf die Mütze bekommen (Fig. 7).

Ist a < -1 oder a > 1 spricht man von einer Streckung, die Funktion wird schmaler; sie streckt sich (Fig. 8).

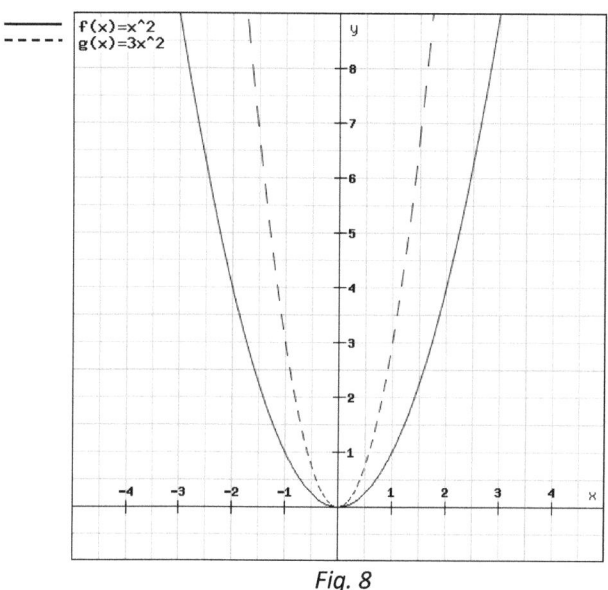

Fig. 8

Was unterscheidet eigentlich Funktionen mit geradem und ungeradem Exponenten?

Gerade Funktionen
- Haben als Funktionswerte immer das gleiche Vorzeichen.
- Der Graph geht immer durch die Punkte P(1|a) und Q(-1|a).

Ungerade Funktionen:
- Bei x = 0 wechselt das Vorzeichen des Funktionswertes. Entweder von negativ zu positiv, wenn a > 0 ist, oder von positiv zu negativ, wenn a < 0 ist.
- Der Graph geht immer durch die Punkte P(1|a) und Q(-1|-a).

Ist übrigens n ein Bruch (und somit $n \notin \mathbb{N}$), so spricht man von einer **Wurzelfunktion**, z. B.

$$f(x) = ax^{\frac{1}{2}} = a\sqrt{x} \quad \text{(Fig. 9)}$$
$$f(x) = ax^{\frac{1}{3}} = a\sqrt[3]{x} \quad \text{oder}$$
$$f(x) = ax^{\frac{1}{6}} = a\sqrt[6]{x} \quad \text{usw.}$$

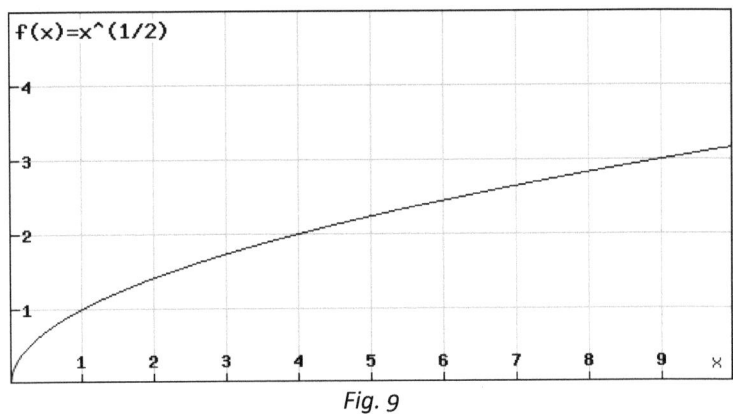

Fig. 9

Soweit genug neuer Stoff. Rechnen wir mal wieder ein wenig:

Wir haben die Funktion $f(x) = 2x^5$. Die Punkte P und Q liegen auf dem Graphen. Berechne die fehlende Koordinate:

$P(2|y)$: $\qquad f(2) = 2 \cdot 2^5 = 64 \rightarrow P(2|64)$

$Q\left(x\left|\dfrac{2}{100000}\right.\right)$: $\quad f(x) = 2 \cdot x^5 = \dfrac{2}{100000}$

$$x^5 = \frac{1}{100000}$$

$$x = \sqrt[5]{\frac{1}{100000}}$$

$$x = \frac{1}{10}$$

$$Q\left(\frac{1}{10}\left|\frac{2}{100000}\right.\right)$$

Und noch eine:

A) *Welche Funktionsgleichung einer Potenzfunktion passt jeweils zu* S.16; 10
   den folgenden Aussagen?

1) *Der zugehörige Graph ist symmetrisch zur y-Achse.*

Um symmetrisch zur y-Achse zu sein, müssen alle Funktionswerte das gleiche Vorzeichen haben. Das geht nur bei geraden Potenzfunktionen.

Mögliche Ergebnis wären z. B. $f(x) = 2 \cdot x^4$ oder $f(x) = -3x^2$

2) *Der zugehörige Graph geht durch P(1 | 7)*

Wir haben allgemein:

$$f(x) = a \cdot x^n$$

Wenn wir den Punkt P einsetzen, haben wir:

$$f(1) = a \cdot 1^n = 7$$

Da 1^n immer 1 ist, erhalten wir: $a = 7$

Die Potenz n ist in diesem Fall also beliebig und wir können sie frei wählen, z. B. 5

Ergebnis: $\quad f(x) = 7 \cdot x^5$

3) *Die zugehörigen Funktionswerte sind alle positiv oder null.*

Nur positive y-Werte bedeutet, dass es eine gerade Potenzfunktion ist und das a > 0 sein muss.

Damit können wir uns eine Potenzfunktion ausdenken. Ich wähle n = 2 und a = 7:

$$f(x) = 7x^2$$

4) *Verdoppelt man den x-Wert, so vervierfacht sich der dazugehörige y-Wert*

Wir haben allgemein: $\qquad f(x) = a \cdot x^n$

Wir verdoppeln den x-Wert: $\qquad f(2x) = a \cdot (2x)^n$

Das Ergebnis ist dann viermal so groß:

$$f(2x) = 4 \cdot f(x) = 4(ax^n)$$

31

Wir setzen beide Vorgaben gleich:

$$a(2x)^n = 4(ax^n)$$

$$2^n ax^n = 4ax^n \qquad |:ax^n \ (a \neq 0)$$

$$2^n = 4$$

Wir erkennen das Ergebnis:

$$n = 2$$

a konnten wir rauskürzen, d. h., das Ergebnis ist unabhängig von a. Somit können wir ein beliebiges a wählen, z. B. 8 und erhalten als mögliches Ergebnis:

$$f(x) = 8x^2$$

Und zum Schluss des Kapitels eine Letzte:

S.16; 11   *B) Die Funktionen f, g und h haben die Funktionsgleichungen*
$f(x) = 9x^3; \quad g(x) = x^5; \quad h(x) = 0{,}2x^4$
Bestimme jeweils die x-Werte, für die gilt:

1) Die Funktionswerte von g und h sind gleich groß

Wir suchen also den x-Wert, bei dem *g(x) = h(x)* ist.

Es handelt sich um Potenzfunktionen. <u>Alle</u> Potenzfunktionen gehen durch den Punkt (0|0). Somit haben wir schon den ersten x-Wert, an dem beide Funktionen den gleichen Funktionswert haben:

$$x_1 = 0$$

Suchen wir weitere x-Werte und setzen beide Funktionen gleich und erhalten als Ergebnis:

$$x_2^5 = 0{,}2x_2^4 \qquad |:x_2^4 \ (x_2 \neq 0)$$

$$x_2 = 0{,}2$$

2) Die Funktionswerte von f sind größer als die von h.

Wir stellen die Ungleichung auf:

$$h(x) < f(x)$$

$$0{,}2x^4 < 9x^3 \qquad | : x^3 \quad (x \neq 0)$$

$$0{,}2x < 9 \qquad | \cdot 5$$

$$x < 45$$

Wir haben also als Ergebnis alle x-Werte kleiner 45, außer der Null:

$$\{x \in \mathbb{R}^{\neq 0}| \ x < 45\}$$

3) Die Funktionswerte von g sind kleiner als die von f.

Wir stellen die Ungleichung auf:

$$g(x) < f(x)$$

$$x^5 < 93x^3 \qquad | : x^3 \quad (x \neq 0)$$

$$x^2 < 9 \qquad | \sqrt{}$$

$$x_1 < 3$$
$$x_2 > -3$$

Das bedeutet, unsere x-Werte liegen zwischen -3 und 3 und wieder ohne die Null:

$$\{x \in \mathbb{R}^{\neq 0}| \ -3 < x < 3\}$$

> Ziehst du bei **Ungleichungen** die **Quadratwurzel**, bekommst du eine positive und eine negative Lösung. Bei der **negativen Lösung** musst du das **Ungleichheitszeichen umdrehen**!

1.4 Ganzrationale Funktionen

Werden Potenzfunktionen als Summe oder Differenz kombiniert, so spricht man von **ganzrationalen Funktionen**, z. B.

$$f(x) = 3x^5 - 2x^3 + 7$$

Die höchste Potenz der Funktion gibt den **Grad** der ganzrationalen Funktion an; in unserem Beispiel ist *f(x)* als vom 5. Grad.

Allgemein ausgedrückt hat die ganzrationale Funktion folgende Form:

$$f(x) = a_n x^n + a_{n-1} x^{n-1} + \cdots + a_2 x^2 + a_1 x^1 + a_0$$

Sie ist vom **n-ten Grad**.

Alle **Faktoren a** sind reelle Zahlen wobei natürlich $a_n \neq 0$ ist (sollte einleuchtend sein, da ja sonst der Summand $a_n x^n$ ja gleich Null wäre und somit entfällt und die Gleichung dann nur noch vom n-1-ten Grad wäre).

Um Funktionen näher zu verstehen, werden wir zwei besondere Verhalten untersuchen:

1) Wie verhält sich die Funktion, wenn x gegen plus/minus unendlich läuft ($x \to \pm\infty$)?

Um das zu beantworten, betrachtet man stets den **Summanden** mit der **höchsten Potenz**. Alle übrigen Summanden verlieren mit $x \to \pm\infty$ an Bedeutung.
D. h. für

$$x \to \pm\infty \quad \text{betrachten wir} \quad y = a_n x^n$$

Schauen wir uns dieses an einem Beispiel an:

Wir suchen eine Funktion g mit $g(x) = a_n x^n$, die das Verhalten von f für $x \to \pm\infty$ bestimmt

$$f(x) = \underset{\text{.....}}{\boxed{3x^9}} + 5x^5 + 15x - 5$$

Der Summand mit der höchsten Potenz ist $3x^9$. Damit stellt die Funktion

$$g(x) = 3x^9$$

sehr gut das Verhalten von *f(x)* für $x \to \pm\infty$ dar.

Setzt man gedanklich in die Funktion *g(x)* für x unendlich ein, so sieht man, dass *g(x)* dann gegen unendlich strebt. Setzt man minus unendlich ein, so strebt *g(x)* gegen minus unendlich.

Das bedeutet, dass die Funktion $f(x) = 3x^9 + 5x^5 + 15x - 5$

für $x \to +\infty$ gegen unendlich strebt ($f(x) \to +\infty$ für $x \to \infty$) und

für $x \to -\infty$ gegen minus unendlich strebt ($f(x) \to -\infty$ für $x \to -\infty$).

2) Wie verhält sich die Funktion nahe dem Wert x = 0?

Hierbei ist das Verhalten genau umgekehrt. Je näher wir uns der Null nähern, desto unwichtiger werden höhere Potenzen.

Wir betrachten dann nur noch den **Summanden** mit der **niedrigsten Potenz der Funktion und** das **absolute Glied**.

Schauen wir uns auch dieses an unserer Gleichung

$$f(x) = 3x^9 + 5x^5 + (15x - 5)$$

an.

Der Summand mit der niedrigsten Potenz ist *15x*. Hinzu kommt das Absolute Glied 5.
Damit bildet die Funktion $h(x) = 15x - 5$ das Verhalten unserer Funktion für x nahe Null gut ab.

Machen wir hierzu ein paar Übungen:

S.20; 4 A) *Untersuche, wie sich die Funktionswerte von f für $x \to \pm\infty$ und x nahe Null verhalten.*

1) $f(x) = -3x^2 + 2x$

Für $x \to \pm\infty$ betrachten wir den Summanden mit der höchsten Potenz:

$$y = -3x^2$$

Wir wissen, dass gerade Potenzfunktionen für alle y-Werte das gleiche Vorzeichen haben. Der Faktor a = -3 ist negativ. Damit sind alle y-Werte der Funktion auch negativ. Lassen wir nun $x \to \pm\infty$ laufen wird *f(x)* sowohl für plus unendlich als auch für minus unendlich gegen minus unendlich laufen.

Ergebnis: **für $x \to \pm\infty$ gilt: $f(x) \to -\infty$.**

Für die x-Werte nahe Null betrachten wir den Summanden mit der kleinsten Potenz und das absolute Glied, das in diesem Fall nicht existiert:

$$y = 2x$$

Das bedeutet das unsere y-Werte für x nahe Null auch Null sein werden:

$$f(0) = 0$$

2) $f(x) = 7 - 5x^2 + 2x^3$

Wir sollten zunächst die Funktion nach den Potenzen umsortieren: von hoch zu niedrig:

$$f(x) = 2x^3 - 5x^2 + 7$$

Für $x \to \pm\infty$: wir betrachten $y = 2x^3$

Für $x \to +\infty$ gilt: $f(x) \to +\infty$

Für $x \to -\infty$ gilt: $f(x) \to -\infty$

Für x nahe Null verhält sich unsere Funktion *f(x)* wie die Funktion

$y = -5x^2 + 7$ und $f(0) = 7$

3) $f(x) = 10^{11}x^6 - 5x^9 + 13$

Auch hier sollten wir zunächst umsortieren:

$$f(x) = \underline{-5x^9} + \underline{\underline{10^{11}x^6 + 13}}$$

Wir markieren wieder die höchste Potenz (das ist x^9; nicht auf die 10^{11} reinfallen!) und die niedrigste Potenz mit dem absoluten Glied und haben das Ergebnis:

Für $x \to \pm\infty$: wir betrachten $y = -5x^9$

Für $x \to +\infty$ gilt: $f(x) \to -\infty$

Für $x \to -\infty$ gilt: $f(x) \to +\infty$
(Minus unendlich hoch 9 bleibt minus unendlich, mal -5 wird es zu plus unendlich)

Für x nahe Null verhält sich unsere Funktion *f(x)* wie die Funktion $y = 10^{11}x^6 + 13$ und $f(0) = 13$

Und auch hier noch eine Letzte:

B) *Wie ist das Verhalten der Funktionswerte von f für $x \to \pm\infty$ und x* S.20; 6
   nahe Null. Mache eine grobe Skizze der Funktionsgraphen.

$$f(x) = 7x - 0,2x^7 + x^6 + 5$$

Auch hier sollten wir zunächst umsortieren:

$$f(x) = \underline{-0,2x^7} + x^6 + \underline{\underline{7x + 5}}$$

Erneut markieren wir die höchste Potenz, sowie die niedrigste Potenz zusammen mit dem absoluten Glied und haben das Ergebnis:

Für $x \to \pm\infty$: wir betrachten $y = -0,2x^7$

Für $x \to +\infty$ gilt: $f(x) \to -\infty$

Für $x \to -\infty$ gilt: $f(x) \to +\infty$

Für x nahe Null verhält sich unsere Funktion *f(x)* wie die Funktion $y = 7x + 5$ und $f(0) = 5$

Unsere Skizze (Fig. 10) zeigt uns ganz gut, was damit gemeint ist, wenn es heißt, dass sich *f(x)* nahe Null wie $y = 7x + 5$ verhält

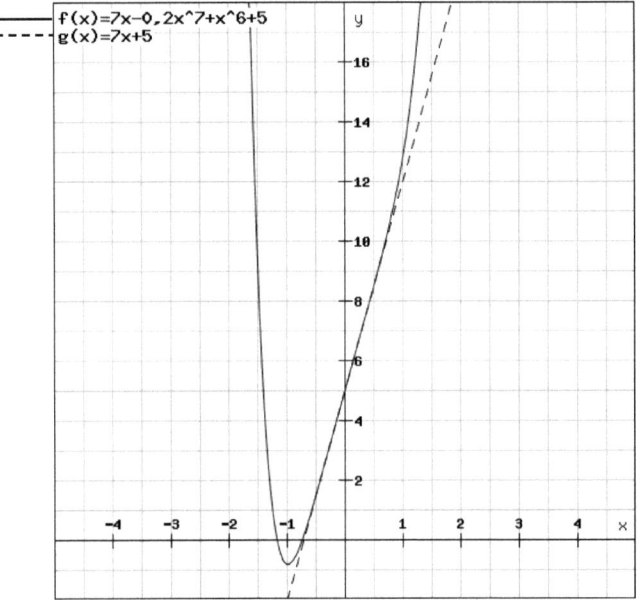

Fig. 10

1.5 Symmetrie

Was kann man sich unter einer **Achssymmetrie** zur y-Achse vorstellen? Hier sagt eine Zeichnung mehr als tausend Worte:

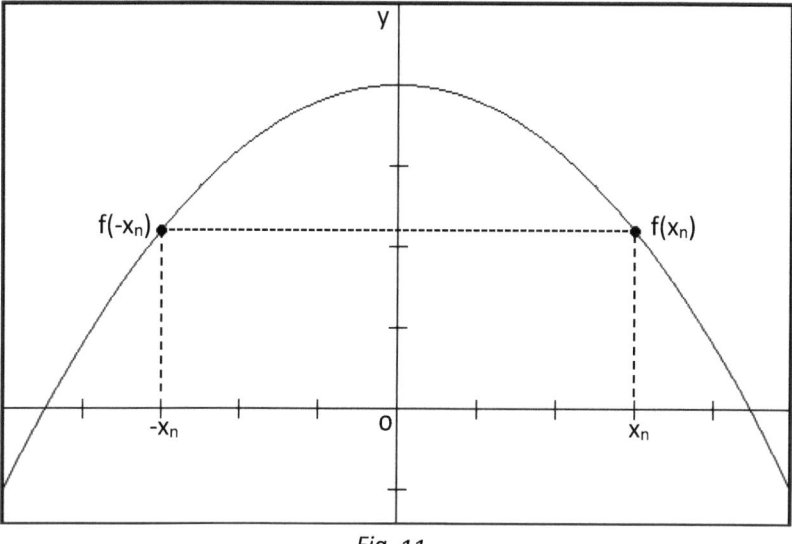

Fig. 11

Wie man sieht, ist es bei einer Achssymmetrie zur y-Achse egal, ob man den x_n-Wert oder den $(-x_n)$-Wert in die Funktion $f(x)$ einsetzt; man erhält in beiden Fällen denselben y-Wert. Wenn dieses für alle x-Werte unserer Definitionsmenge gilt, dann ist diese Funktion zur y-Achse achssymmetrisch.

Oder mathematisch allgemein ausgedrückt:

$$f(x) = f(-x) \quad (x \in D_f)$$

Bei welchen Funktionen ist dieses der Fall?
Es gilt für alle Funktionen, die nur **Potenzen mit geradem Exponenten** enthalten, z. B.

$$f(x) = 3x^6 - x^4 + 2x^2$$
oder
$$f(x) = 4x^8 - 2x^4 + 3x^2 + 8$$

Jetzt stellt sich natürlich die Frage, warum das absolute Glied hierbei erlaubt ist.
Das absolute Glied besteht ja eigentlich aus $a_0 \cdot x^0 = a_0 \cdot 1$ (in unserem Fall also aus $8x^0 = 8$).
Und da die **nullte Potenz als Gerade anzusehen** ist, ist das absolute Glied für die y-Achssymmetrie erlaubt.

Jetzt eine kleine Denkaufgabe am Rande: es gibt keine Achssymmetrie zur x-Achse, warum?
Genau, das hatten wir in Kapitel 1: Für jeden x-Wert darf es nur einen Funktionswert *f(x)* (y-Wert) geben.

Kommen wir zur **Punktsymmetrie zum Ursprung (0|0).**
Schauen wir uns hierzu auch einen Graphen an (Fig. 12).

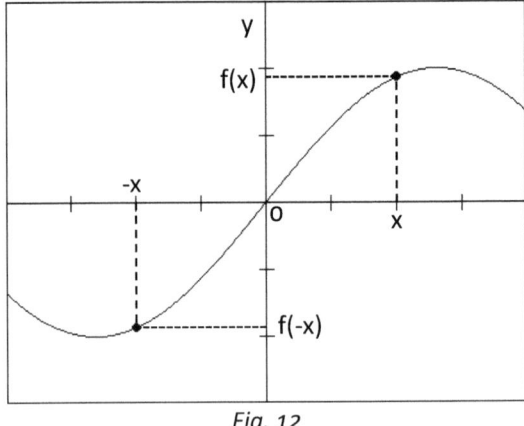

Fig. 12

Wir sehen, dass wir bei Einsetzen eines x-Werts in die Funktion einen y-Wert erhalten. Setzen wir den negativen x-Wert ein, so erhalten wir den negativen y-Wert; oder mathematisch ausgedrückt:

$$f(x) = -f(-x) \quad (x \in D_f)$$

oder

$$f(-x) = -f(x) \quad (x \in D_f)$$

Auch bei der Punktsymmetrie zum Ursprung müssen Funktionen bestimmte Bedingungen erfüllen. **Alle Potenzen müssen einen ungeraden Exponenten aufweisen**, z. B.:

$$f(x) = x^5 - 2x^3 + 4x$$

(nicht vergessen: $x = x^1$)

Kommen wir zu unseren Übungen.

A) *Welche der folgenden Funktionen hat einen zur y-Achse bzw. zum Ursprung symmetrischen Graphen?*   S.23; 1

Aufgabe		unsere Ergebnisse		
	Funktion $f(x)=$	nur gerade Potenzen?	nur ungerade Potenzen?	Symmetrisch zu
1	x	nein	ja	(0|0)
2	x^2	ja	nein	y-Achse
3	x^3	nein	ja	(0|0)
4	$-3x^4 - 3x^2 + 7$	ja	nein	y-Achse
5	$x^5 + 4x^3 - 1$	nein	nein	nichts
6	$x^5 - 2x^3 + x^2 - 2x$	nein	nein	nichts
7	$-2x^6 + 3x^2$	ja	nein	y-Achse
8	$4 - 2x^3$	nein	nein	nichts
9	$4 - 2x^4$	ja	nein	y-Achse

Auf zur nächsten.

S.23; 3 *B) Ist die ganzrationale Funktion f gerade oder ungerade? Wie ist ihr Symmetrieverhalten?*

1) $f(x) = x \cdot (2x^2 - 7)$

Hierfür erst einmal ausmultiplizieren, um nichts zu übersehen:

$$f(x) = 2x^3 - 7x$$

Beide Potenzen sind ungerade (3 und 1) und somit ist auch die Funktion ungerade.

Damit ist der Funktionsgraph symmetrisch zum Ursprung (0|0).

2) $f(x) = (x - 3)^2 - 2$

Wieder ausmultiplizieren:

$$f(x) = x^2 - 6x + 9 - 2 = x^2 - 6x + 7$$

Wir haben gerade Potenzen (4 und 0) und eine ungerade Potenz (1). Die Funktion weist weder eine Symmetrie zur y-Achse noch zum Ursprung auf.

3) $f(x) = \frac{1}{4}x^3(8 - x^2)$

Und wieder das gleiche Spiel – ausmultiplizieren:
(Ich hoffe, ihr kennt die wichtigsten Potenzregeln noch)

1. $a^n \cdot a^m = a^{n+m}$

2. $a^n \cdot b^n = (a \cdot b)^n$

3. $(a^n)^m = a^{n \cdot m}$

$$f(x) = \frac{8}{4}x^3 - \frac{1}{4}x^5$$

Wir haben nur ungerade Potenzen (3 und 5) und daher ist auch die Funktion ungerade. Der Funktionsgraph ist also symmetrisch zum Ursprung (0|0).

C) Untersuche, ob die Funktion f einen symmetrischen Graphen hat.   S.23; 4

1) $f(x) = \frac{2}{x}$ $(x \neq 0)$

Bei Brüchen kann man das Ergebnis nicht so ohne weiteres erkennen.
Daher prüfen wir, ob eine der Symmetrie-Bedingungen erfüllt ist:
Wir prüfen auf gerade:

$$f(x) \overset{?}{=} f(-x)$$
$$\frac{2}{x} \neq \frac{2}{-x}$$

Die Funktion ist nicht gerade und somit nicht achssymmetrisch zur y-Achse.
Wir prüfen auf ungerade:

$$f(x) \overset{?}{=} -f(-x)$$
$$\frac{2}{x} = -\left(\frac{2}{-x}\right)$$

Die Funktion ist ungerade und somit symmetrisch zum Ursprung.

2) $f(x) = \frac{x}{x^2-2}$ $\left(x \neq \pm\sqrt{2}\right)$

Wir prüfen auch hier

$$f(x) \overset{?}{=} f(-x)$$
$$\frac{x}{x^2-2} \overset{?}{=} \frac{-x}{(-x)^2-2}$$
$$\frac{x}{x^2-2} \neq \frac{-x}{x^2-2}$$

Die Funktion ist nicht gerade und somit nicht achssymmetrisch zur y-Achse.

$$f(x) \overset{?}{=} -f(-x)$$
$$\frac{x}{x^2-2} \overset{?}{=} -\left(\frac{-x}{(-x)^2-2}\right)$$
$$\frac{x}{x^2-2} \overset{?}{=} -\left(\frac{-x}{x^2-2}\right)$$
$$\frac{x}{x^2-2} = \frac{x}{x^2-2}$$

Die Funktion ist ungerade und somit symmetrisch zum Ursprung.

1.6 Nullstellen

Bei der Untersuchung von Funktionen sind ihre **Nullstellen** immer wieder von Interesse.

Wie in Kapitel 1.2 beschrieben, wird die Stelle Nullstelle genannt, an der $f(x) = 0$ ist.

Eine ganzrationale Funktion hat immer genauso viele Nullstellen, wie ihre Grad ist (höchste Potenz). Wichtig: Nullstellen können auch aufeinander liegen, d. h. sie haben den gleichen x-Wert.

Das Ausrechnen hört sich erstmal einfacher an als es manchmal sein kann. Für die Vorgehensweise der Nullstellenberechnung gibt es verschiedene Möglichkeiten. Oftmals muss man mehrere von ihnen kombinieren, um alle Nullstellen zu erhalten.

Aber schauen wir uns die Möglichkeiten der Reihe nach an:

Ausklammern der Variablen

Dieses ist immer dann möglich, wenn das **absolute Glied fehlt**:

$$f(x) = x^4 - 2x^3$$

Hier kann man x^3 ausklammern:

$$f(x) = x^3(x - 2)$$

Um die Nullstelle auszurechnen, setzen wir $f(x) = 0$:

$$x^3(x - 2) = 0$$

Ein Produkt ist gleich null, wenn mindestens einer der Faktoren gleich null ist. Damit bekommen wir die Lösung:

$$x_1 = 0$$

Um es genau zu nehmen, sind es drei Nullstellen, die alle aufeinander liegen, da bekanntlich $x^3 = x \cdot x \cdot x$ ist.

Unsere erste Lösung ist also:

$$x_1 = x_2 = x_3 = 0$$

Wenn man die Variable x ausklammern kann, hat man immer sofort eine Nullstelle $x = 0$.

Des Weiteren haben wir noch:

$$x - 2 = 0$$
$$x_4 = 2$$

Ersetzen der Variable (Substitution)

Kommen in der Funktion nur die Potenzen x^4 und x^2 oder x^6 und x^3 vor, so kann man diese Methode anwenden, um für die Lösung die p/q-Formel verwenden zu können.

Nehmen wir die Funktion:

$$f(x) = x^4 - 5x^2 + \frac{21}{4}$$

Wir setzen die Funktion gleich Null:

$$x^4 - 5x^2 + \frac{21}{4} = 0$$

Wir können nun festlegen, dass

$$z = x^2$$

ist und setzen dieses in unsere Funktion ein. (Auf schlau heißt das: man substituiert x^2 durch z)

$$z^2 - 5z + \frac{21}{4} = 0$$

Nun können wir die p/q-Formel einsetzen und erhalten:

$$z_{1,2} = \frac{5}{2} \pm \sqrt{\frac{5^2}{4} - \frac{21}{4}}$$

$$z_{1,2} = 2{,}5 \pm \sqrt{1}$$

$$z_1 = 3{,}5$$

$$z_2 = 1{,}5$$

Jetzt machen wir die Substitution rückgängig:

$$z_1 = x^2$$

$$3,5 = x^2$$

$$x_{1,2} = \pm\sqrt{3,5}$$

und

$$z_2 = x^2$$

$$1,5 = x^2$$

$$x_{3,4} = \pm\sqrt{1.5}$$

Damit haben wir alle vier Nullstellen

$$x_1 = \sqrt{3,5} \; ; \; x_2 = -\sqrt{3,5} \; ; \; x_3 = \sqrt{1,5} \; ; \; x_4 = -\sqrt{1,5}$$

Ablesen

Wenn die ganzrationale Funktion bereits faktorisiert ist, kann man die Nullstellen entsprechend ablesen. Dies haben wir bereits beim Verfahren des Ausklammerns angewendet.
Z. B.

$$f(x) = \frac{3}{4}x(x-5)(x+4)(x+3)(x-8)$$

Wieder gilt: ein Produkt ist gleich null, wenn mindestens ein Faktor gleich null ist. Wir erhalten damit als Nullstellen:

$$x_1 = 0 \; ; \; x_2 = 5 \; ; \; x_3 = -4 \; ; \; x_4 = -3 \; ; \; x_5 = 8$$

Übrigens: man kann von bekannten Nullstellen nicht auf die ursprüngliche Gleichung schließen. Wenn wir z. B. die Nullstellen $x_1 = -1$ und $x_2 = 3$ haben, könnten mögliche Lösungen sein:

$$f(x) = (x+1)(x-3)$$

$$g(x) = (x+1)(x+1)(x-3)$$

$$i(x) = 4(x+1)(x+3)$$

$$h(x) = (x+1)(x-3)\underbrace{(x^2+7)}_{\text{ergibt nie Null}}$$

D. h., es gibt unendlich viele Funktionen, die genau diese beiden Nullstellen aufweisen.

Wie bereits erwähnt, werden häufig diese Methoden zum Finden von Nullstellen kombiniert. Faktorisierung von Funktion ist eine beliebte Methode, um Nullstellen zu erhalten. Um eine „normale" Gleichung in Faktoren zu zerlegen, führt man eine Polynomdivision durch. Dieses schauen wir uns im Kapitel 1.8 genauer an.

Doch zunächst wollen wir wieder einmal das gelernte anwenden:

A) Bestimme die Nullstellen der Funktion f.   S.28; 2

1) $f(x) = (x+2)(x-4)(x+5)^2$

Die Funktion ist bereits faktorisiert, so dass wir die Nullstellen direkt ablesen können.

$$x_1 + 2 = 0$$
$$x_1 = -2$$

usw.

$(x+5)^2 = (x+5)(x+5)$: wir haben eine doppelte Nullstelle

$$x_1 = -2 \; ; \; x_2 = 4 \; ; \; x_{3,4} = -5$$

2) $f(x) = x^3 - 14x^2 + 40x$

Das absolute Glied fehlt, somit können wir x ausklammern:

$$f(x) = x(x^2 - 14x + 40)$$

Unsere 1. Nullstelle ist $x_1 = 0$.

Jetzt müssen wir noch die Klammer betrachten: wann ist sie Null? Die p/q-Formel hilft uns dabei:

$$x_{2,3} = -\frac{-14}{2} \pm \sqrt{\frac{14^2}{4} - 40}$$

$$x_{2,3} = 7 \pm 3$$
$$x_2 = 4$$
$$x_3 = 10$$

Die Funktion $f(x)$ hat die Nullstellen $x_1 = 0$; $x_2 = 4$; $x_3 = 10$

S.28; 3 *B) Bestimme die Nullstellen der Funktion f.*

1) $f(x) = (x - 4)(x^3 - 9x)$

Sieht nach ablesen der Nullstellen aus. Hierfür können wir bei der zweiten Klammer noch ein x ausklammern:

$$f(x) = (x - 4) \cdot x \cdot (x^2 - 9)$$

Damit haben wir schon zwei Nullstellen: $x_1 = 4$, $x_2 = 0$

Jetzt können wir noch bei der Zweiten Klammer schauen, ob sie zu Null werden kann:

$$x^2 - 9 = 0$$
$$x^2 = 9$$
$$x = \pm 3$$

Somit haben wir zwei weiter Nullstellen: $x_3 = -3$, $x_4 = 3$

Die Funktion hat die Nullstellen $x_1 = 4$; $x_2 = 0$; $x_3 = -3$; $x_4 = 3$

2) $f(x) = (x^4 - 81)(4x + 1)^2$

Auch hier ist die Funktion bereits faktorisiert und wir müssen schauen, unter welchen Bedingungen die Faktoren gleich Null werden.

$$x^4 - 81 = 0$$
$$x^4 = 81$$
$$x_{1-4} = \pm\sqrt[4]{81}$$
$$x_{1-4} = \pm 3$$
$$x_{1,2} = 3$$
$$x_{3,4} = -3$$

Und der zweite Faktor (der gleich zweimal auftritt)→ zwei Nullstellen:
$(4x + 1)^2 = (4x + 1)(4x + 1)$

$$4x + 1 = 0$$
$$4x = -1$$
$$x = -\frac{1}{4}$$

Damit haben wir die Nullstellen $x_{1,2} = -3$, $x_{3,4} = 3$, $x_{5,6} = -\frac{1}{4}$.

C) Löse die Gleichung mithilfe einer Substitution.　　　　　　S.28; 4

1) $x^6 - 8x^3 + 7 = 0$

Wir substituieren $z = x^3$:

$$z^2 - 8z + 7 = 0$$

So langsam wird es langweilig: p/q-Formel:

$$z_{1,2} = -\frac{-8}{2} \pm \sqrt{\frac{8^2}{4} - 7}$$

$$z_{1,2} = 4 \pm \sqrt{9}$$

$$z_{1,2} = 4 \pm 3$$

$$z_1 = 1$$

$$z_2 = 7$$

Jetzt müssen wir die Substitution rückgängig machen:

$$x^3 = z_1$$
$$x^3 = 1$$
$$x = \sqrt[3]{1}$$
$$x_{1-3} = 1$$

$$x^3 = z_2$$
$$x^3 = 7$$
$$x_{4-6} = \sqrt[3]{7}$$

Die Funktion hat jeweils die dreifachen Nullstellen 1 und $\sqrt[3]{7}$.

S. 30; 18   D) *Die Funktion f mit $f(x) = ax^3 + bx^2 + cx + d$ mit ganzzahligen Koeffizienten a, b, c und d hat die vorgegebenen Nullstellen. Bestimme a, b, c und d.*

1) *Nullstellen bei:* $-\frac{1}{4}, 4, \frac{10}{7}$

Da wir die Nullstellen kennen, können wir die Funktion faktorisiert aufstellen:

$$x = -\frac{1}{4}$$

$$x + \frac{1}{4} = 0$$

usw.

$$f(x) = \left(x + \frac{1}{4}\right)(x - 4)\left(x - \frac{10}{7}\right)$$

Jetzt wird fleißig ausmultipliziert:

$$f(x) = \left(x + \frac{1}{4}\right) \cdot \left(x^2 - \frac{38}{7}x + \frac{40}{7}\right)$$

$$f(x) = x^3 - \frac{145}{28}x^2 + \frac{61}{14}x + \frac{10}{7}$$

Wir erhalten also die Koeffizienten a = 1, b = $-\frac{145}{28}$, c = $\frac{61}{14}$ und d = $\frac{10}{7}$.

S. 30; 19   E) *Wie musst du bei einer Funktion f mit $f(x) = a(x - b)(x - c)$ die Faktoren a, b und c wählen, damit die Funktion f die vorgegebene Eigenschaft hat?*

1) *Die Nullstellen sind -2 und 5 und der Graph schneidet die y-Achse im Punkt (0|2).*

Zunächst können wir die Nullstellen in die Funktionsgleichung einsetzen:

$$f(x) = a(x + 2)(x - 5)$$

Damit kennen wir schon einmal b = -2 und c = 5. Fehlt nur noch a. Hierzu ist uns vorgegeben

$$f(0) = 2$$

Setzen wir dieses in unsere Funktion ein:

$$f(0) = a(0 + 2)(0 - 5) = 2$$
$$a \cdot 2 \cdot (-5) = 2$$
$$-10a = 2$$
$$a = -\frac{1}{5}$$

Wir erhalten die Koeffizienten a = $-\frac{1}{5}$, b = -2, c = 5 und somit die Funktion

$$f(x) = -\frac{1}{5}(x + 2)(x - 5)$$

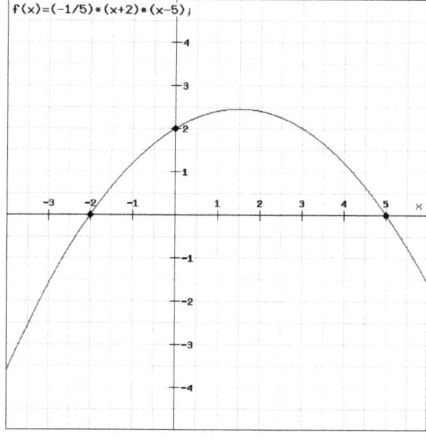

Fig. 13

1.7 Verschieben und Strecken von Graphen

LERNZIELE:
- **Verschieben von ganzrationalen Funktionen**
- **Strecken von ganzrationalen Funktionen**

Nachdem wir in Kapitel 1.3 unsere Potenzfunktionen gestaucht und gestreckt haben, wollen wir uns nun anschauen, wie wir ganzrationale Funktionen verschieben und strecken können.

Verschieben einer ganzrationalen Funktion
Das Verschieben ist recht einfach darzustellen:

In x-Richtung verschieben:
Wenn ich eine Funktion bzw. deren Graphen nach „rechts" verschieben möchte, so muss ich von meinen x-Werten meiner Funktion die Verschiebung subtrahieren.
Möchte ich hingegen nach „links" verschieben, so muss ich zu meinen x-Werten meiner Funktion die Verschiebung addieren.

Hier kann man sich leicht vertun, da es umgekehrt ist, als man vielleicht zunächst vermutet (**nach rechts → minus; nach links→ plus**).

Was passiert, wenn ich verschiebe?
Verschiebe ich nach „rechts", so soll der neue x-Wert den gleichen y-Wert haben, den er ursprünglich bei einem kleineren x-Wert hatte (s. Fig. 14); daher müssen wir die Verschiebung abziehen.
Bevor die Verwirrung noch größer wird, sehen wir es uns an einem Beispiel an. Wir haben

$$f(x) = x^2 + 2x$$

Um eine neue Funktion g zu erhalten, möchten wir die Funktion f um 3 Einheiten nach „rechts" verschieben:
Hierfür subtrahieren wir von jedem x-Wert 3. Das bedeutet, dass die Funktion g an jeder Stelle x den gleichen y-Wert haben soll wie f an der Stelle (x-3).

$$g(x) = f(x - 3)$$

und erhalten:

$$g(x) = (x - 3)^2 + 2(x - 3)$$

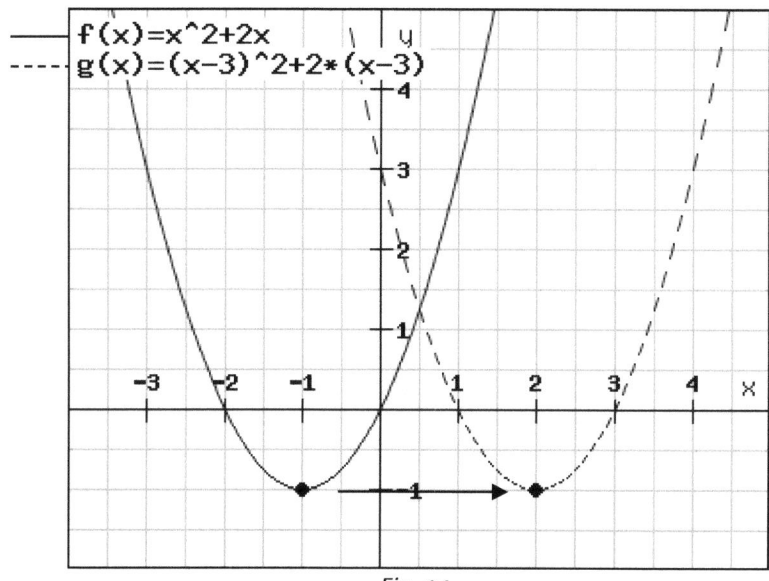

Fig. 14

Sehen wir uns die entsprechenden Graphen an (Fig. 14):
f(x) hat seinen Scheitelpunkt bei x = -1; y = -1
g(x) hat seinen Scheitelpunkt bei x = 2; y = -1.

Verschieben wir *f(x)* nun um drei Einheiten nach links, um die Funktion *h(x)* zu erhalten. Hierfür addieren wir zu jedem x-Wert 3. Das bedeutet, dass die Funktion *h* an jeder Stelle x den gleichen y-Wert haben soll wie *f* an der Stelle (x+3).

$$h(x) = f(x + 3)$$

und erhalten:

$$h(x) = (x + 3)^2 + 2(x + 3)$$

Sehen wir uns auch hier die entsprechenden Graphen an (*Fig. 15*):
f(x) hat seinen Scheitelpunkt immer noch bei x = -1;
h(x) hat seinen Scheitelpunkt bei x = -4.

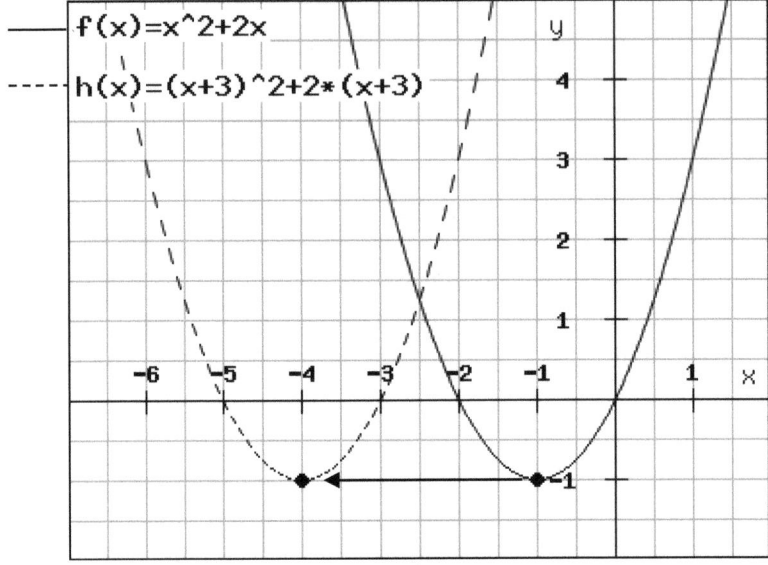

Fig. 15

Ich weiß, da hat man schnell einen Knoten im Hirn. Am einfachsten ist es, sich zu merken:

x-Verschiebung:
> **nach rechts → x-Wert minus Verschiebung**
> **nach links → x-Wert plus Verschiebung**

In y-Richtung verschieben:
Natürlich kann ich Funktionen bzw. deren Graphen auch nach „oben" und „unten" verschieben. Hierbei geht man ähnlich vor, wie bei der x-Verschiebung.

Wenn ich eine Funktion nach „oben" verschiebe, möchte ich bei der neuen Funktion für jeden x-Wert einen y-Wert erhalten, der nun größer ist.

Möchte ich eine Funktion nach „unten" verschieben, so soll diese neue Funktion an jeder Stelle x einen y-Wert haben, der kleiner ist.

Wir verschieben unsere Funktion *f(x)* 3 Einheiten nach „oben", um *g(x)* zu erhalten:

$$f(x) = x^2 + 2x$$
$$g(x) = f(x) + 3$$
$$g(x) = (x^2 + 2x) + 3$$
$$g(x) = x^2 + 2x + 3$$

Sehen wir uns die Graphen dazu an (Fig. 16):

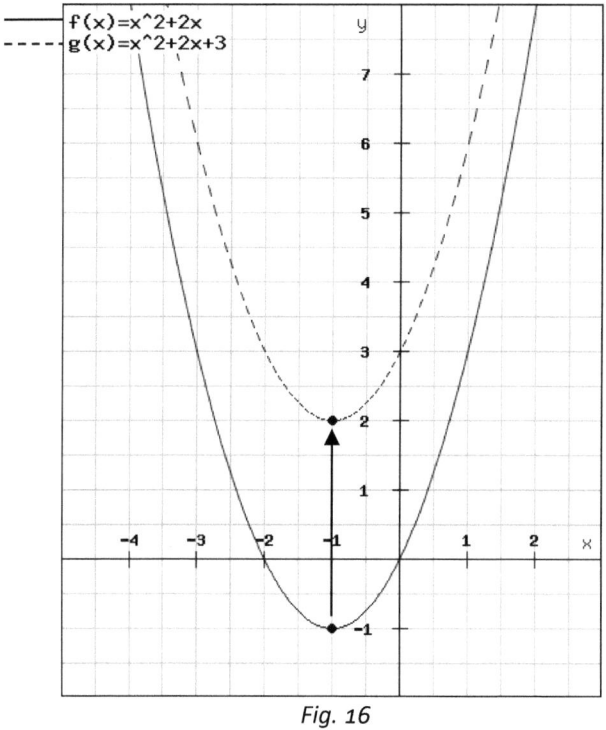

Fig. 16

f(x) hat seinen Scheitelpunkt bei x = -1; y = -1
g(x) hat seinen Scheitelpunkt bei x = -1; y = 2.

Sehen wir uns auch noch eine Verschiebung nach „unten" an. Jetzt soll die Funktion *f* um drei Einheiten nach unten verschoben werden, um die Funktion *h* zu erhalten:

$$f(x) = x^2 + 2x$$
$$h(x) = f(x) - 3$$
$$h(x) = (x^2 + 2x) - 3$$
$$h(x) = x^2 + 2x - 3$$

Sehen wir uns die Graphen dazu an (Fig. 17Fig. 16):

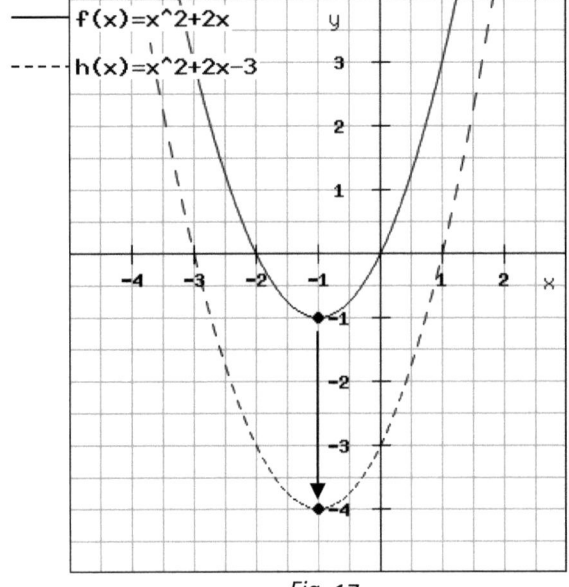

Fig. 17

f(x) hat seinen Scheitelpunkt bei x = -1; y = -1
h(x) hat seinen Scheitelpunkt bei x = -1; y = -4.

Wir merken uns:

y-Verschiebung:
> **nach oben → plus**
> **nach unten → minus**

Natürlich kann man beide Verschiebungen auch kombinieren:

$$g(x) = f(x - a) + b \quad \text{mit}$$

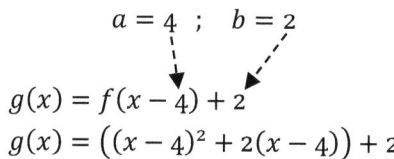

a: Verschiebung in x-Richtung
b: Verschiebung in y-Richtung

Um den Knoten aus dem Kopf zu bekommen, hat man die Formel für die x-Richtung angepasst. Somit wird mit einem positiven a eine Verschiebung nach rechts erreicht; bei einem negativen a eine Verschiebung nach links. Wichtig bei Aufgaben!

Wir wollen die Funktion $f(x) = x^2 + 2x$ nun um 4 Einheiten nach rechts und 2 Einheiten nach oben verschieben:

$$a = 4 \quad ; \quad b = 2$$

$$g(x) = f(x - 4) + 2$$
$$g(x) = \big((x - 4)^2 + 2(x - 4)\big) + 2$$

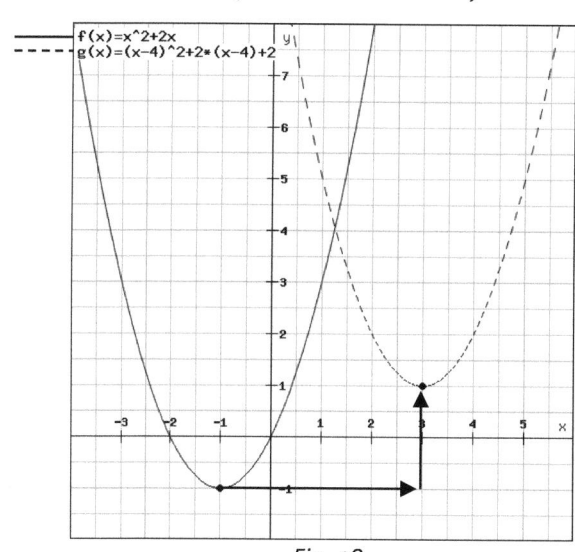

Fig. 18

Dann wollen wir das Verschieben mal ein wenig üben:

S.33; 1 *A) Verschiebe den Graphen der Funktion um a Einheiten in x-Richtung und um b Einheiten in y-Richtung. Wie lautet die neue Funktion?*

1) $f(x) = 5x + 3$; $a = 4$; $b = -3$

$$g(x) = f(x - a) + b$$
$$g(x) = f(x - 4) - 3$$

Wir setzen ein:

$$f(x) = 5x + 3$$
$$f(x - 4) = 5(x - 4) + 3$$
$$g(x) = f(x - 4) - 3$$
$$g(x) = (5(x - 4) + 3) - 3$$
$$g(x) = 5(x - 4) = 5x + 20$$

2) $f(x) = 2x^3 + 3x^2$; $a = -2$; $b = 2$

$$f(x) = 2x^3 + 3x^2$$
$$g(x) = f(x - a) + b$$
$$g(x) = f(x + 2) + 2$$

Wir setzen ein:

$$g(x) = (2(x + 2)^3 + 3(x + 2)^2) + 2$$
$$g(x) = 2(x + 2)^3 + 3(x + 2)^2 + 2$$

In y-Richtung strecken

Kommen wir nun zum Strecken in y-Richtung. Dieses kann man sich recht gut vorstellen: wenn eine Funktion in y-Richtung gestreckt wird, bedeutet es nichts anderes, als dass jeder y-Wert der Funktion proportional vergrößert werden soll. D. h., es wird ganz einfach jeder y-Wert mit einem Faktor multipliziert.

Um z. B. eine Funktion f(x) um den Faktor 2 zu strecken wird diese einfach mit dem Faktor 2 multipliziert:

$$g(x) = 2 \cdot f(x)$$

Oder allgemein ausgedrückt:

Streckung in y-Richtung: $g(x) = k \cdot f(x)$ **mit** $k > 0$

Schauen wir uns dazu ein Beispiel an. Wir haben die Funktion

$$f(x) = 0,3x^3 - 2x$$

Wenn diese Funktion um den Faktor 2 gestreckt werden soll, multiplizieren wir die Funktion *f(x)* einfach mit 2 (s. *Fig. 19*):

$$g(x) = 2 \cdot f(x)$$
$$g(x) = 2 \cdot (0,3x^3 - 2x)$$
$$g(x) = 0,6x^3 - 4x$$

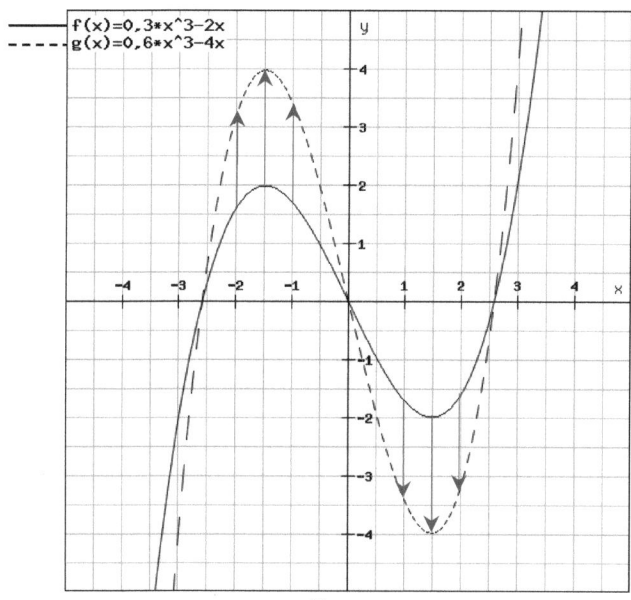

Fig. 19

Wenn der Streckungsfaktor zwischen -1< x <1 liegt, sprechen wir von einer **Stauchung**.
Wenn wir obiges Beispiel umformen, erhalten wir aus *g(x)* die Funktion *f(x)*, wenn wir *g(x)* um den Faktor 0,5 stauchen:

$$f(x) = 0,5 \cdot g(x)$$

Wiederholung:
Aus Kapitel 1.3 wissen wir, wie die **Streckung in x-Richtung** funktioniert. Die Funktion *f(x)* soll um den Faktor k in x-Richtung gestreckt werden:

$$g(x) = f(k \cdot x) \ \text{mit} \ k > 0$$

Negative Streckungsfaktoren
Was passiert eigentlich mit der Funktion, wenn ich einen Streckungsfaktor kleiner Null wähle?

Streckung in y-Richtung
Durch den negativen Faktor wird die Funktion an der x-Achse gespiegelt. Dieses ist leicht verständlich: Wir drehen das Vorzeichen für jeden y-Wert um, was einer Spiegelung um die x-Achse entspricht: aus *y=1* wird *y=-1*, aus *y=-5* wird *y=5* usw.

$$k = -1$$
$$g(x) = k \cdot f(x)$$
$$g(x) = -f(x)$$

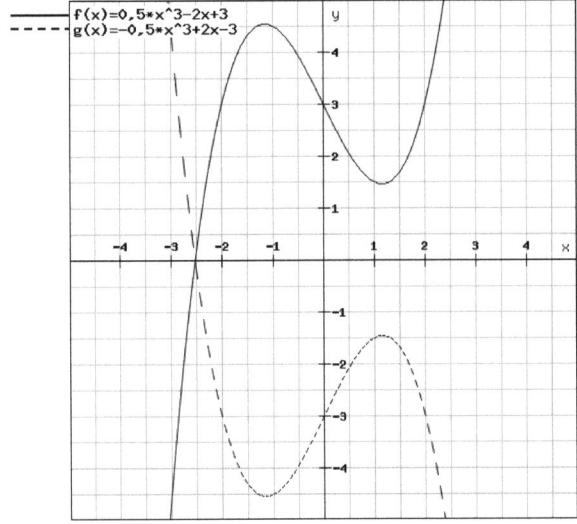

Fig. 20

Nehmen wir z. B. die Funktion $f(x) = 0{,}5x^3 - 2x + 3$.
Wenn der Streckungsfaktor k=-1 ist, erhalten wir (s. Fig. 20):

$$g(x) = -1 \cdot f(x)$$
$$g(x) = -0{,}5x^3 + 2x - 3$$

Für die Streckung/Stauchung an sich wirkt ein negativer Faktor wie ein positiver Faktor:

-1 < x < 0	Stauchung
-1 > x	Streckung

Streckung in x-Richtung
Wenn hierbei der Faktor negativ ist, spiegeln wir um die y- Achse: für jeden positiven x-Wert setzen wir nun den negativen Wert ein und umgekehrt:

$$k = -1$$
$$g(x) = f(k \cdot x)$$
$$g(x) = f(-x)$$

Ansonsten gilt auch hier, dass das Streckungs-/Stauchungsverhalten wie bei positiven Faktoren ist.

Das soll an Theorie reichen. Wollen wir das gelernte an Beispielaufgaben ausprobieren.

B) *Du hast eine Funktion* $f(x) = 2x^4 - 3x^2$. *Gesucht ist jeweils die Funktion g(x)* S.34; 4

1) *Du erhält g(x), indem du den Graphen von f mit dem Faktor 2 in y- Richtung streckst und um drei Einheiten nach unten verschiebst.*

In y- Richtung strecken heißt: $g(x) = k \cdot f(x)$ mit $k = 2$
$$g(x) = 2f(x)$$

Nach unter verschieben heißt: $g(x) = f(x) + h$ mit $h = -3$
$$g(x) = f(x) + 3$$

Jetzt kombinieren wir beides:
$$g(x) = 2f(x) + 3$$
$$g(x) = 2(2x^4 - 3x^2) + 3$$
$$g(x) = 4x^4 - 6x^2 + 3$$
Fertig!

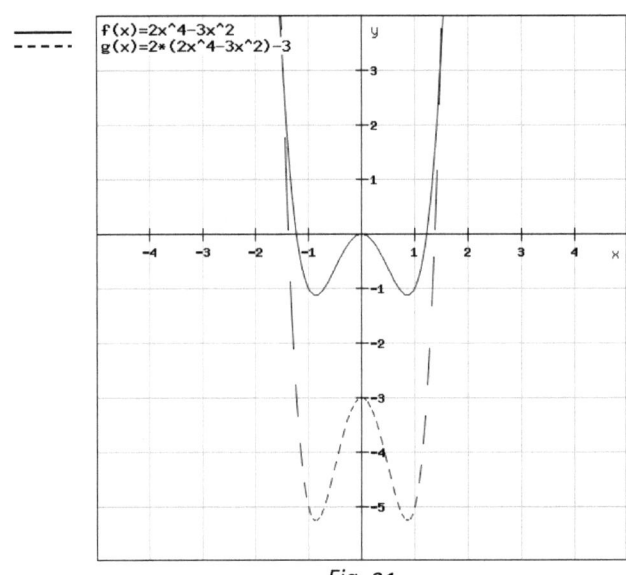

Fig. 21

2) Du erhältst g(x), indem du den Graphen von f an der x-Achse spiegelst und um zwei Einheiten nach rechts verschiebst.

An der x-Achse spiegeln bedeutet: $\qquad g(x) = -f(x)$
Um 2 Einheiten nach rechts verschieben: $g(x) = f(x - a)$ mit $a = 2$

Wir kombinieren wieder beides:
$$f(x) = 2x^4 - 3x^2$$
$$g(x) = -f(x - 2)$$
$$g(x) = -(2(x - 2)^4 - 3(x - 2)^2)$$
Wer Lust hat, kann das natürlich noch ausmultiplizieren und erhält
$$g(x) = -2x^4 + 16x^3 - 45x^2 + 52x - 20$$

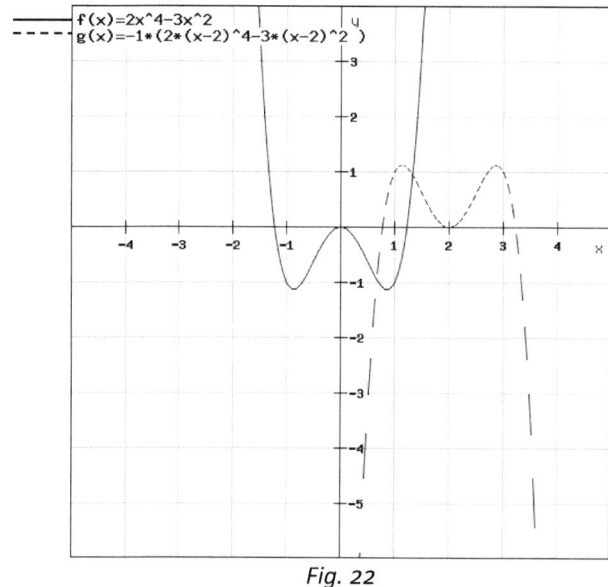

Fig. 22

S.33; 2

C) Beschreibe, wie man den Graphen von g aus dem Graphen der Funktion f erhält.

1) $f(x) = x - 2$ und $g(x) = 2(x - 2)$

Viel ist hier nicht passiert: $g(x) = 2f(x)$

Und bei $g(x) = k \cdot f(x)$ handelt es sich um eine Streckung in y-Richtung mit dem Faktor 2.

2) $f(x) = x - 5$ und $h(x) = 2(x - 2)$

Sieht sehr ähnlich aus; aber Vorsicht. Kümmern wir uns zunächst um die Klammer *(x-2)*.
$f(x) = x - 5$; um nun auf $(x - 2)$ zukommen, müssen wir zu *f(x)* drei addieren:

$$g(x) = f(x + 3)$$

Wenn wir etwas in der Gestallt $g(x) = f(x - a)$ haben, handelt es sich um eine Verschiebung in x-Richtung. In diesem Fall mit $a = -3$ um eine Verschiebung nach links um 3 Einheiten

Jetzt kümmern wir uns um den Faktor 2. Hier verhält es sich wie in Aufgabe 1: es handelt sich um eine Streckung in y-Richtung mit dem Faktor 2.

Für das Ergebnis kombinieren wir beide Aktionen:

Wir erhalten *h(x)* wenn wir *f(x)* um 3 Einheiten nach links verschieben (*g(x)*) und um den Faktor 2 in y-Richtung strecken.

Schauen wir uns das im Graphen einzeln noch mal an:

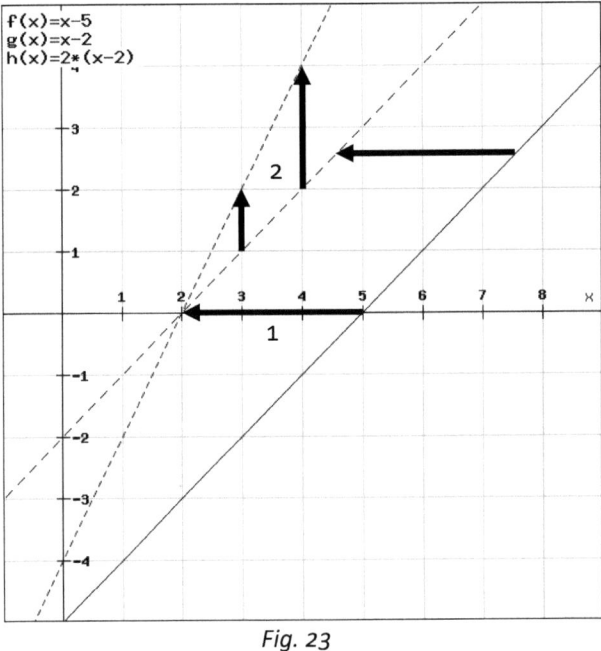

Fig. 23

1. Wir verschieben um 3 Einheiten nach links
2. Wir strecken in y-Richtung mit dem Faktor 2:

3) $f(x) = 3x^2 - 6x$ und $g(x) = \frac{1}{5}x^2 - \frac{2}{5}x$

Um einen besseren Überblick zu erhalten, klammern wir jeweils zunächst aus:

$$f(x) = 3(x^2 - 2x)$$

$$g(x) = \frac{1}{5}(x^2 - 2x)$$

Jetzt ist zu erkennen, dass sich *f(x)* und *g(x)* nur durch einen Faktor k unterscheiden. Wir berechnen:

$$\frac{1}{5} = 3 \cdot k$$

$$k = \frac{1}{15}$$

D. h.

$$g(x) = k \cdot f(x)$$

$$g(x) = \frac{1}{15}f(x)$$

Wir erhalten *g(x)*, wenn wir *f(x)* um den Faktor $\frac{1}{15}$ stauchen.

Das soll zu dem Thema genügen. In eurem Mathebuch gibt es noch eine Vielzahl an Übungsaufgaben, die die einzelnen Elemente von Strecken/Stauchen/Verschieben beliebig mischen. Letztendlich ist es aber immer das gleiche:

$$\boldsymbol{g(x) = f(x - a) + b} \quad \text{mit}$$

a: Verschiebung in x-Richtung
b: Verschiebung in y-Richtung

und

$$\boldsymbol{g(x) = k \cdot f(h \cdot x)} \quad \text{mit}$$

h: Streckung in x-Richtung
k: Streckung in y-Richtung

oder zusammengefasst als

$$\boldsymbol{g(x) = k \cdot f\big(h \cdot (x - a)\big) + b}$$

1.8 Polynomdivision und Linearfaktorzerlegung

LERNZIELE:
- **Polynomdivision**
- **Linearfaktorzerlegung**

Wie im Kapitel 1.6 über Nullstellen schon erwähnt, ist die **Polynomdivision** ein hilfreiches Hilfsmittel, um Funktionen in Faktoren zu zerlegen, der sogenannten **Linearfaktorzerlegung**.
In eurem Mathebuch wird dieses Thema nur als Exkursion behandelt; ihr solltet es euch jedoch trotzdem gut anschauen, da es für eine Kurvendiskussion immer wieder notwendig ist.
Ich möchte in diesem Kapitel nicht darauf eingehen bzw. herleiten, *warum* die Polynomdivision mathematisch funktioniert, sondern nur zeigen, *wie* sie durchgeführt wird.
Also los, fangen wir an. Ich hoffe, ihr erinnert euch noch, wie man schriftlich dividiert.

Ihr sollt z. B. 7392 schriftlich durch 32 teilen.
Als ersten schaut ihr, wie oft die 32 in die 73 passt: 2 mal.
Dann zieht ihr 2·32=64 von den 73 ab:

$$7392 : 32 = 2\_\_$$
$$\underline{-64}$$
$$9$$

Anschließend wird die nächste Zahl von oben geholt und ihr schaut erneut, wieviel mal 32 da hineinpasst, in diesem Fall in 99: 3 mal.
Wir ziehen also 3·32=96 von 99 ab und das Spiel geht wieder von vorne los, bis wir keine Zahl mehr herunterziehen können:

$$7392 : 32 = 231$$
$$\underline{-64}$$
$$99$$
$$\underline{-96}$$
$$32$$
$$\underline{-32}$$
$$0$$

Eine Polynomdivision funktioniert nach dem gleichen Muster.
Zuvor möchte ich aber einen Zwischenschritt machen, damit ihr im Anschluss das Vorgehen bei der Polynomdivision besser versteht.
(Natürlich kann man bei der folgenden Aufgabe Dividend und Divisor zunächst ausrechnen; dann hätten wir die Aufgabe aus dem Wiederholungskasten. Es geht hierbei ausschließlich um die Vorgehensweise!)

Wir wollen $(6 \cdot 10^3 + 13 \cdot 10^2 + 9 \cdot 10 + 2)$ durch $(3 \cdot 10 + 2)$ teilen:

$$(6 \cdot 10^3 + 13 \cdot 10^2 + 9 \cdot 10 + 2) : (3 \cdot 10 + 2) = ?$$

Wir kümmern uns zunächst beim Dividenden und Divisor nur um seine höchste Potenz: Dividend → $6 \cdot 10^3$ und Divisor → $3 \cdot 10^1$.
Mit was muss 3·10 malgenommen werden, damit wir 6·10³ erhalten?
Richtig: 2·10², unser erstes Teilergebnis:

$$
\begin{array}{l}
(6 \cdot 10^3 + 13 \cdot 10^2 + 9 \cdot 10 + 2) : (3 \cdot 10 + 2) = 2 \cdot 10^2 + \cdots \\
\underline{-(6 \cdot 10^3 + \ 4 \cdot 10^2)} \\
\qquad\qquad 9 \cdot 10^2
\end{array}
$$

= mal

Nach der Subtraktion ziehen wir, wie bei einer „normalen" Division, den nächsten Term herunter: 9·10

$$
\begin{array}{l}
(6 \cdot 10^3 + 13 \cdot 10^2 + 9 \cdot 10 + 2) : (3 \cdot 10 + 2) = 2 \cdot 10^2 + \cdots \\
\underline{-(6 \cdot 10^3 + \ 4 \cdot 10^2)} \\
\qquad\qquad 9 \cdot 10^2 + 9 \cdot 10
\end{array}
$$

Wir wiederholen unseren 1. Schritt:
Mit was muss 3·10 malgenommen werden, damit wir 9·10² erhalten?
Unser Ergebnis geht also mit 3·10 weiter.

Wir verfahren nun nach diesem Muster, bis wir bei der Potenz 1 angekommen sind:

$$(6 \cdot 10^3 + 13 \cdot 10^2 + 9 \cdot 10 + 2) : (3 \cdot 10 + 2) = 2 \cdot 10^2 + 3 \cdot 10 + 1$$
$$\underline{-(6 \cdot 10^3 + \quad 4 \cdot 10^2)}$$
$$9 \cdot 10^2 + 9 \cdot 10$$
$$\underline{-(9 \cdot 10^2 + 6 \cdot 10)}$$
$$3 \cdot 10 + 2$$
$$\underline{-(3 \cdot 10 + 2)}$$
$$0$$

So, genug der Vorbereitung. Kommen wir endlich zur Polynomdivision. Hier verfahren wir genauso wie im gerade berechneten Beispiel: Wir kümmern uns stets um die höchste Potenz von x.

Ein Beispiel: wir wollen $(6 \cdot x^3 + 13 \cdot x^2 + 9 \cdot x + 2)$ durch $(3 \cdot x + 2)$ teilen:

$$(6 \cdot x^3 + 13 \cdot x^2 + 9 \cdot x + 2) : (3 \cdot x + 2) = ?$$

Wie ihr seht, habe ich zum besseren Verständnis für die Aufgabenstellung einfach die 10 durch das x ersetzt.
Wir gehen nun genauso vor: Wir kümmern uns zunächst nur um die höchste Potenz: x^3.
Mit was muss $3 \cdot x$ malgenommen werden, damit wir $6 \cdot x^3$ erhalten?
Genau: $2 \cdot x^2$; wir haben wieder unser erstes Teilergebnis:

$$(6 \cdot x^3 + 13 \cdot x^2 + 9 \cdot x + 2) : (3 \cdot x + 2) = 2 \cdot x^2 + \cdots$$
$$\underline{-(6 \cdot x^3 + \quad 4 \cdot x^2)} \quad \xleftarrow{\quad = \quad} \quad \text{mal}$$
$$9 \cdot x^2$$

Wie gerade, ziehen wir uns nun den nächsten Term herunter: $9 \cdot x$

$$(6 \cdot x^3 + 13 \cdot x^2 + 9 \cdot x + 2) : (3 \cdot x + 2) = 2 \cdot x^2 + \cdots$$
$$\underline{-(6 \cdot x^3 + \quad 4 \cdot x^2)} \quad \downarrow$$
$$9 \cdot x^2 + 9 \cdot x$$

Auch hier wiederholen wir unseren 1. Schritt: mit was muss $3 \cdot x$ malgenommen werden, damit wir $9 \cdot x^2$ erhalten? Unser Ergebnis geht also mit $3 \cdot x$ weiter.

Wir verfahren nun nach dem gleichen Muster, bis wir bei der x^1 angekommen sind:

$$
\begin{array}{l}
(6 \cdot x^3 + 13 \cdot x^2 + 9 \cdot x + 2) : (3 \cdot x + 2) = 2 \cdot x^2 + 3 \cdot x + 1 \\
\underline{-(6 \cdot x^3 + 4 \cdot x^2)} \\
9 \cdot x^2 + 9 \cdot x \\
\underline{-(9 \cdot x^2 + 6 \cdot x)} \\
3 \cdot x + 2 \\
\underline{-(3 \cdot x + 2)} \\
0
\end{array}
$$

Das war auch schon alles. Kommen wir noch einmal zur Nullstellenberechnung. Wenn ihr eine Nullstelle x_N einer Funktion $f(x)$ kennt, könnt ihr, wie in Kapitel 1.6 gesagt, die Funktion als Produkt darstellen:

$$f(x) = (x - x_N) \cdot g(x)$$

wobei $g(x)$ den zweiten Faktor bzw. den „Rest" der Funktion darstellt, der die restlichen Nullstellen enthält. Um nun $g(x)$ zu erhalten setzt ihr die Polynomdivision ein

$$f(x) : (x - x_N) = g(x)$$

Wenn man die Funktion in alle Faktoren zerlegt hat, so nennt man dies Darstellung die **Linearfaktorzerlegung**, da die Funktion nur noch aus linearen Faktoren besteht:

$$f(x) = a \cdot (x - x_n) \cdot (x - x_{n-1}) \cdot \cdots \cdot (x - x_2) \cdot (x - x_1)$$

Manchmal wird man aufgefordert, die erste **Nullstelle** zu **raten**. Um das Raten zu vereinfachen, eine kleine Regel:

Wenn eine ganzzahlige Lösung für die Nullstelle existieren sollte (was bei Aufgaben in der Schule oftmals der Fall ist), muss sie ein Teiler des absoluten Gliedes sein (s. Satz von Vieta).

Wenn wir z. B. bei der Funktion $f(x) = x^3 + 4x^2 + x - \mathbf{6}$ eine Nullstelle raten sollen, wären mit dem absoluten Glied -6 als Lösung ±1, ±2, ±3, ±6 möglich. Wenn wir diese acht Möglichkeiten ausprobieren, stellen wir fest, dass wir bei -3, -2 und 1 eine Nullstelle haben:

$$f(x) = (x + 3)(x + 2)(x - 1)$$

2 Ableitung

2.1 Mittlere Änderungsrate – Differenzenquotient

LERNZIELE:
- Mittlere Änderungsrate
- Differenzenquotient
- Sekante

In diesem Kapitel geht es um Änderungen von Funktionen. Dieses ist in eurem Mathebuch schon sehr gut erklärt. Ich möchte es aber trotzdem noch einmal wiederholen.

Was soll man sich unter Änderung einer Funktion vorstellen? Nehmen wir ein einfaches Beispiel: du machst eine große Fahrradtour. Dabei zeichnet dein Tachometer die Zeit und die gefahrene Strecke auf, die du dir anschließend auf einer App anzeigen lässt (s. Fig. 24). Wie du siehst, bist du nicht gleichmäßig schnell gefahren und du möchtest nun für verschiedene Streckenabschnitte Durchschnittsgeschwindigkeit ermitteln.

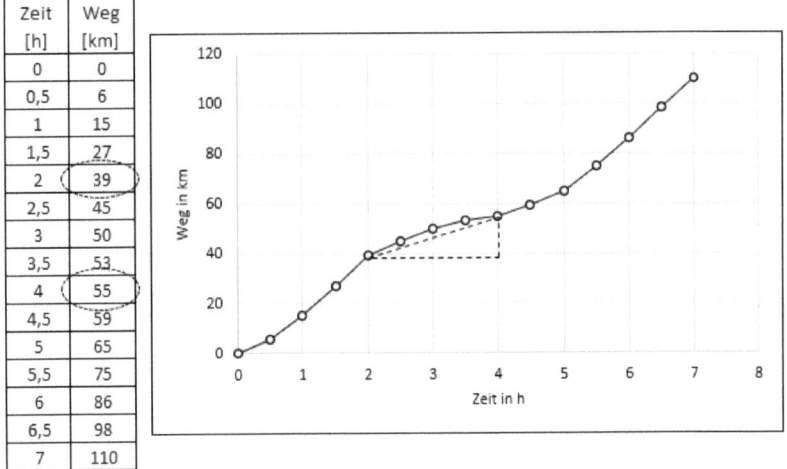

Zeit [h]	Weg [km]
0	0
0,5	6
1	15
1,5	27
2	39
2,5	45
3	50
3,5	53
4	55
4,5	59
5	65
5,5	75
6	86
6,5	98
7	110

Fig. 24

Dich interessiert z. B. welche Durchschnittgeschwindigkeit du an dem steilen Berg zwischen der 2. und 4. Stunde hattest.

Nach zwei Stunden hattest du bereits 39 km zurückgelegt. Nach vier Stunden waren es dann 55 km. D.h., während der Zeitdifferenz von zwei Stunden (4 - 2 = 2) hast du eine Strecke von 16 km (55 – 39 = 16) zurückgelegt. Damit kannst du deine Durchschnittsgeschwindigkeit für dieses Zeitintervall [2;4] berechnen:

$$v = \frac{s}{t} = \frac{55 - 39}{4 - 2} \frac{km}{h} = \frac{16}{2} \frac{km}{h} = 8 \frac{km}{h}$$

Wie du siehst, besteht der Term aus dem Quotienten zweier Differenzen. Daher wird er auch **Differenzenquotient** genannt.
Du hast also in diesem Zeitintervall im Durchschnitt eine Geschwindigkeit von 8 km/h gehabt. Mit anderen Worten, die **mittlere Änderungsrate** des von dir zurückgelegten Weges betrug in diesem Zeitintervall 8 km/h.

Dieses Beispiel wollen wir nun verallgemeinern. Möchte man die mittlere Änderungsrate einer Funktion f bestimmen, dann

- wähle ich einen Startwert x_0,
- lege fest, wie groß mein Intervall h sein soll,
- berechne die Funktionswerte für $f(x_0)$ und $f(x_0+h)$,
- und bilde den Differenzenquotienten:

$$\frac{f(x_0 + h) - f(x_0)}{(x_0 + h) - x_0} = \frac{f(x_0 + h) - f(x_0)}{h}$$

Ich erhalte also die mittlere Änderungsrate im Intervall $[x_0 ; x_0 + h]$.

Wenn ich statt der Intervallgröße h zwei Punkte der Funktion habe (s.

Fig. 25: $M(x_0 \mid f(x_0))$ und $N(x_0+h \mid f(x_0+h))$), so muss ich die Punktkoordinaten in die obige Formel einsetzen

Die Gerade, die in

Fig. 25 durch die Punkte M und N geht, schneidet den Graphen der Funktion f; sie wird daher **Sekante** genannt.

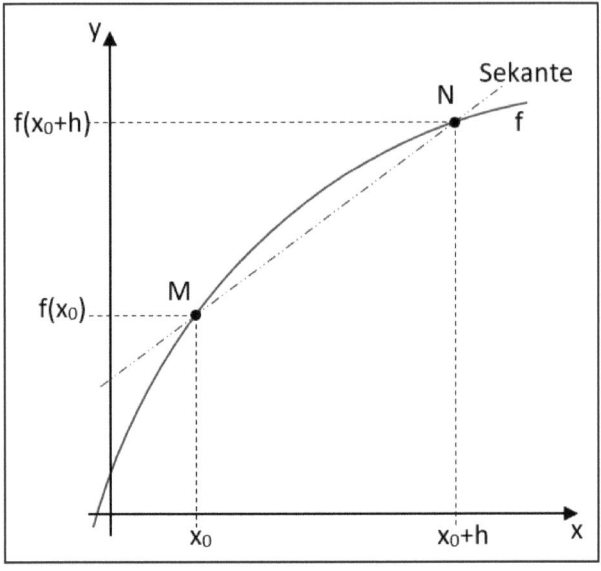

Fig. 25

Auch wenn das Ganze sich etwas kompliziert anhört, ist es eigentlich recht einfach. Probieren wir es einfach an einer Beispielaufgabe aus:

S.51; 1   A) *Du hast die Funktion* $f(x) = 2x^3 + 2$. *Bestimme den Differenzenquotienten für das Intervall [-1;1].*

Uns wurden also die Werte für x_0 und x_0+h gegeben:

$$x_0 = -1$$
$$x_0 + h = 1$$

Wir berechnen die dazugehörigen y-Werte:

$$f(x_0) = 2 \cdot (-1)^3 + 2 = 0$$
$$f(x_0 + h) = 2 \cdot (1)^3 + 2 = 4$$

Nun haben wir alles, um den Differenzenquotienten zu berechnen:

$$\frac{f(x_0 + h) - f(x_0)}{(x_0 + h) - x_0} = \frac{4 - 0}{1 - (-1)} = 2$$

Nehmen wir uns zum Schluss noch eine Aufgabe vor, die Testreihen betrachtet:

B) *Während eines Experiments wurden 8 Wochen lang die Niederschlagsmenge gemessen und aufsummiert:*

t (in Woche)	0	1	2	3	4	5	6	7	8
Menge (in mm)	0	5	23	48	74	84	121	173	183

Berechne die mittlere Niederschlagsmengenänderung für
1) Die ersten 4 Wochen,
2) die zweiten 4 Wochen,
3) für den gesamten Zeitraum.

1) Wir kennen die Werte für x_0 und $x_0 + h$: 0. Woche bis 4. Woche

$$x_0 = 0$$
$$x_0 + h = 4$$

Die dazugehörigen y-Werte lesen wir aus der Tabelle ab:

$$f(x_0) = 0$$
$$f(x_0 + h) = 74$$

und berechnen den Differenzenquotienten:

$$\frac{f(x_0 + h) - f(x_0)}{(x_0 + h) - x_0} = \frac{74 - 0}{4 - 0} \frac{mm}{Woche} = 18{,}5 \frac{mm}{Woche}$$

2) Wir können genauso vorgehen wie in Aufgabe 1: dieses Mal für die 4. bis 8. Woche

$$x_0 = 4$$
$$x_0 + h = 8$$

Die dazugehörigen y-Werte lesen wir erneut aus der Tabelle ab:
$$f(x_0) = 74$$
$$f(x_0 + h) = 183$$

und berechnen aus diesen Werten die mittlere Änderungsrate:

$$\frac{f(x_0 + h) - f(x_0)}{(x_0 + h) - x_0} = \frac{183 - 74}{8 - 4} \frac{mm}{Woche} = 27{,}25 \frac{mm}{Woche}$$

3) und ein letztes Mal; gleiche Vorgehensweise:

$$x_0 = 0$$
$$x_0 + h = 8$$

$$f(x_0) = 0$$
$$f(x_0 + h) = 183$$

$$\frac{f(x_0 + h) - f(x_0)}{(x_0 + h) - x_0} = \frac{183 - 0}{8 - 0} \frac{mm}{Woche} = 22{,}9 \frac{mm}{Woche}$$

Das soll uns als Übung zunächst reichen. Im Prinzip funktionieren diese Aufgabentypen immer gleich, auch wenn sie immer wieder in einem neuen Gewand auftauchen: mal als Temperaturkurve, mal als Schülerzahlen usw.

2.2 Momentane Änderungsrate

Im letzten Kapitel haben wir eine mittlere Änderungsrate bestimmt. Diese bezieht sich auf ein größeres Intervall und kann von der momentanen (aktuellen) Änderungsrate, die ich z. B. im Punkt M habe, z. T. stark abweichen.

Wenn man z. B. mit dem Auto fährt, möchte man wissen, wie schnell man in diesem Moment ist. D. h., ich möchte die **momentane** Geschwindigkeit kennen. Um den momentanen Wert immer genauer zu ermitteln, muss man das Intervall immer kleiner machen.

Schauen wir uns das im Graphen noch einmal an:

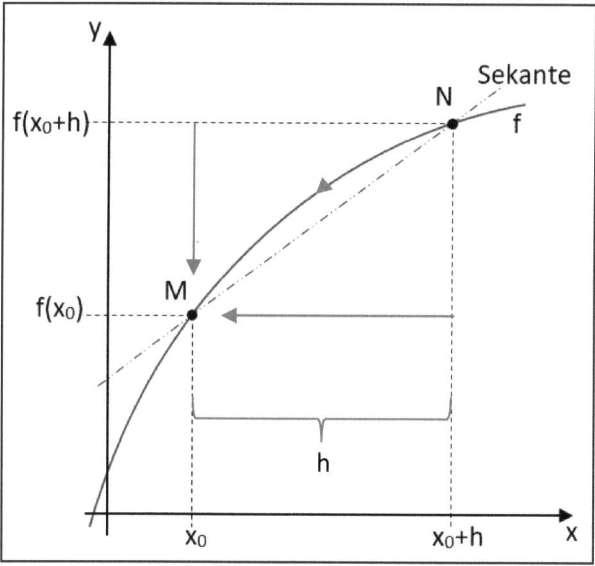

Fig. 26

Wenn wir das Intervall immer kleiner werden lassen, d. h., *h* wird immer kleiner, nähert sich der Punkt N dem Punkt M (s. Fig. 26).

Wenn h gegen Null läuft ($h \to 0$), werde die Punkte M und N letztendlich zu einem Punkt verschmelzen. Wir erhalten dann die **momentane** bzw. lokale **Änderungsrate**.

Die Sekante passt sich der Funktion dem Punkt M immer mehr an und wird dann zur **Tangente**, da die Gerade die Funktion nur noch an diesem Punkt „berührt". Sie repräsentiert dann die **Steigung der Funktion** in diesem Punkt M (s. Fig. 27).

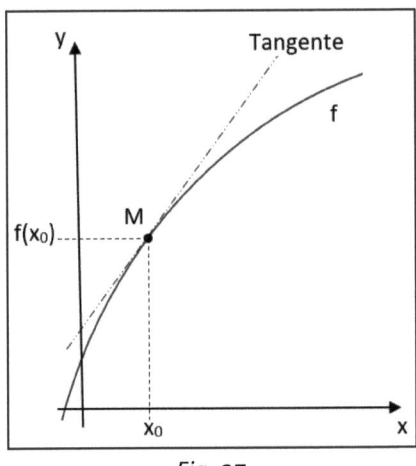

Fig. 27

Wenn der Differenzenquotient $\frac{f(x_0+h)-f(x_0)}{h}$ für $h \to 0$ einen Grenzwert besitzt, dann sprechen wir in der Mathematik davon, dass dieses die **Ableitung von f an der Stelle x_0** ist. Und da Mathematiker schreibfaul sind, schreiben sie dafür ganz einfach **f'(x_0)** (f Strich an der Stelle x_0).

Was musst du dir merken?

- Wenn $\frac{f(x_0+h)-f(x_0)}{h}$ für $h \to 0$ existiert, ist dies die **Ableitung von f an der Stelle x_0.**
- Die **Ableitung von f an der Stelle x_0** ist die **Steigung der Funktion f an der Stelle x_0.**
- Die Ableitung wird als **f'(x_0)** dargestellt.

Um die Ableitung für einen Punkt P näherungsweise zu bestimmen, berechnen wir den Differenzenquotienten, in der wir uns diesem Punkt P von beiden Seiten nähern.
Das erreichen wir, in dem wir den sowohl $+h \to 0$, als auch $-h \to 0$ laufen lassen.

Ein Beispiel: Wir haben die Funktion $f(x) = 3x - 2x^2$ und wollen die Ableitung an der Stelle $x_0 = 1$ bestimmen, in dem wir beidseitig h der Null nähern:

h	$\dfrac{f(1 + h) - f(1)}{h}$	h	$\dfrac{f(1 + h) - f(1)}{h}$
-0,1	-1,2	0,1	0,8
-0,01	-1,02	0,01	0,98
-0,001	-1,002	0,001	0,998
-0,0001	-1,0002	0,0001	0,9998
-0,00001	-1,00002	0,00001	0,99998
-0,000001	-1,000002	0,000001	0,999998

Man kann nun erkennen, dass die näherungsweise Ableitung f'(1) = -1 sein wird.

Natürlich können wir für eine näherungsweise Berechnung gleich einen h-Wert nutzen, der sehr nahe an der Null liegt.
Machen wir das einfach einmal:

Du hast die Funktion $2x^3 - 5x + 3$ und sollst an der Stelle $x_0 = 4$ näherungsweise die Ableitung bestimmen.

Wir wählen h = ±0,0000001.

wir berechnen $h_+ = 0{,}0000001$

$$f(x_0 + h_+) = f(4{,}0000001) = 111{,}0000091$$
$$f(x_0) = f(4) = 111$$

und den Differenzenquotienten

$$\frac{f(x_0 + h_+) - f(x_0)}{h_+} = \frac{111{,}0000091 - 111}{0{,}0000001} = 91$$

Und das Ganze für $h_- = -0{,}0000001$

$$f(x_0 + h_-) = f(3{,}9999999) = 110{,}9999909$$
$$f(x_0) = f(4) = 111$$
$$\frac{f(x_0 + h_-) - f(x_0)}{h_-} = \frac{110{,}9999909 - 111}{-0{,}0000001} = 90{,}999998$$

Ergebnis: Die näherungsweise Ableitung $f'(4)$ ist gleich 91.

Und zuletzt noch eine kleine Beispielaufgabe:

S. 57; 5 *A) Eine Kugel legt eine Strecke s nach der Formel s(t) = 5t² zurück. Bestimme die momentane Änderungsrate zu dem Zeitpunkt $t_0 = 3$.*

Wir wählen wieder ein sehr kleines h: h = ±0,0000001.

$$s(3) = 5 \cdot 3^2 = 45$$

Für h₊ haben wir dann: $\quad s(3{,}0000001) = 5 \cdot 3{,}0000001^2 = 45{,}000003$

Für h₋ ergibt sich: $\quad\quad s(2{,}9999999) = 5 \cdot 2{,}9999999^2 = 44{,}999997$

Berechnen wir die beiden Differenzenquotienten:

$$\frac{s(t_0 + h_+) - s(t_0)}{h_+} = \frac{45{,}000003 - 45}{0{,}0000001} = 30$$

$$\frac{s(t_0 + h_-) - s(t_0)}{h_-} = \frac{44{,}999997 - 45}{-0{,}0000001} = 30$$

Die momentane Änderungsrate für t = 3 beträgt 30.

2.3 Die Ableitung an einer bestimmten Stelle berechnen

LERNZIELE:
- **Ableitung an einer bestimmten Stelle**
- **differenzierbar an der Stelle x_0**
- **nicht differenzierbar**
- **Knick, Sprung**

Nachdem wir bisher ungefähre Werte für die Ableitung bestimmt haben, wollen wir nun im nächsten Schritt genauer werden und nicht mehr über ein angenommenes h unsere Ableitung berechnen.

Hierfür gehen wir wie folgt vor:

1. Wir haben beispielsweise die Funktion *f(x) = x²* und möchten an der Stelle $x_0 = 4$ die Ableitung berechnen.

2. Wir stellen unseren Differenzenquotienten auf:

$$\frac{f(x_0 + h) - f(x_0)}{h} = \frac{(4+h)^2 - 4^2}{h}$$

3. Ziel ist es, den Quotienten so umzuformen, dass h im Nenner wegfällt. Wir Multiplizieren aus (1. Binomische Formel):

$$\frac{(4+h)^2 - 4^2}{h} = \frac{16 + 8h + h^2 - 16}{h} = \frac{h \cdot (8+h)}{h} = 8 + h$$

4. Wir lassen $h \to 0$ laufen: $8 + h \to 8$

5. Wir haben das Ergebnis: *f'(4) = 8*

Wenn der Differenzenquotient einer Funktion an der Stelle x_0 einen **Grenzwert** für $h \to 0$ besitzt, redet der Mathematiker davon, dass die Funktion an dieser Stelle x_0 **differenzierbar** ist.

Sollte eine Funktion an der Stelle x_0 für $h \to 0$ **keinen Grenzwert** besitzen, so ist sie an dieser Stelle **nicht differenzierbar**. Nehmen wir dafür das Beispiel aus eurem Mathebuch:

Wir haben die Funktion $f(x) = \sqrt{x}$ und möchten an der Stelle $x_0 = 0$ die Ableitung bestimmen. Hierfür stellen wir, wie immer, den Differenzenquotienten auf:

$$\frac{f(0 + h) - f(0)}{h} = \frac{\sqrt{h} - 0}{h} = \frac{\sqrt{h}}{\sqrt{h} \cdot \sqrt{h}} = \frac{1}{\sqrt{h}}$$

Wenn wir nun $h \to 0$ laufen lassen, dann wird $\frac{1}{\sqrt{h}} \to \infty$ laufen.
Die Steigung wäre also unendlich; es gibt keinen Grenzwert an <u>dieser</u> Stelle.

Sollte eine Funktion einen „**Knick**" im Graphen haben, so ist die Knickstelle nicht differenzierbar.
Eine solche „Knick-Funktion" sehen wir in Fig. 28: $f(x) = |x - 2|$

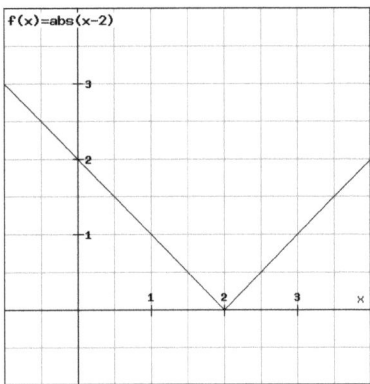

Fig. 28

Ich hoffe, ihr erinnert euch noch, was es bedeutet, wenn etwas zwischen zwei senkrechten Strichen steht: genau, das ist der sogenannte **Betrag;** es gibt **nur positive Werte**, z. B. $|{-1}| = 1$.

Wir haben einen Knick an der Stelle $x = 2$.
Um diese Knickstelle genauer zu untersuchen, betrachten wir, was passiert, wenn wir uns an dieser Stelle für $h \to 0$ von beiden Seiten der Null nähern.

Wir wählen wieder willkürlich ein sehr keines h (z. B. ±0,000001) und berechnen unsere jeweiligen Differenzenquotienten:

h_+: $h = 0,000001$

$$\frac{f(x_0 + h_+) - f(x_0)}{h_+} = \frac{|2 - 2 + 0,000001| - |2 - 2|}{0,000001} = \frac{|0,000001|}{0,000001}$$

$$= 1$$

h-: $h = -0,000001$

$$\frac{f(x_0 + h_-) - f(x_0)}{h_-} = \frac{|2 - 2 - 0,000001| - |2 - 2|}{-0,000001} = \frac{|-0,000001|}{-0,000001}$$

$$= \frac{0,000001}{-0,000001} = -1$$

Wie wir sehen, erhalten wir an der Stelle $x_0 = 2$ zwei unterschiedliche Werte für die Ableitungen, abhängig davon, ob wir uns von rechts oder von links der Stelle x_0 nähern. Die Funktion ist an dieser Stelle nicht differenzierbar.

Wir können auch anders an dieses Aufgabe herangehen. Anstelle der Betragsfunktion $f(x) = |x-2|$ kann man diese auch aufsplitten:

$f(x) = x - 2$ für $x \geq 2$ und $f(x) = -x + 2$ für $x \leq 2$

Für $f(x) = x - 2$ erhalten wir

$$\frac{f(x_0 + h) - f(x_0)}{h} = \frac{((x + h) - 2) - (x - 2)}{h}$$

$$= \frac{h}{h} = 1$$

Und für $f(x) = -x + 2$ erhalten wir

$$\frac{f(x_0 + h) - f(x_0)}{h} = \frac{(-(x + h) + 2) - (-x + 2)}{h}$$

$$= \frac{-h}{h} = -1$$

Wir sehen, dass die Funktionen zwei verschiedene Steigungen aufweisen. Die Stelle x = 2 kann ich aber beiden Funktionen zuordnen: es gibt an dieser Stelle keine eindeutige Steigung.

Ein ähnliches Verhalten kann bei zusammengesetzten Funktionen auftreten, die einen **Sprung** haben. Auch hier ist die Sprungstelle nicht differenzierbar, wenn die Sprungstelle beiden Funktionen zugeordnet ist.

Üben wir das Ganze noch ein wenig:

S.60; 5 *A) Berechne f'(-4) für die Funktion f(x) = 2x²+3*

Wir sollen also an der Stelle x_0 = -4 die Ableitung berechnen. Wir müssen berechnen:

$$\frac{f(x_0 + h) - f(x_0)}{h} = \frac{f(-4 + h) - f(-4)}{h}$$

Etwas Vorarbeit, damit es gleich übersichtlicher wird:

$f(x_0+h) = 2(x_0+h)^2 + 3$

$f(-4+h) = 2(-4+h)^2 + 3$

$\qquad = 2(16 - 8h + h^2) + 3$

$\qquad = 32 - 16h + 2h^2 + 3$

$\qquad = 2h^2 - 16h + 35$

$f(-4) = 2\cdot(-4)^2 + 3 = 35$

Wir setzen ein:

$$\frac{(2h^2 - 16h + 35) - (35)}{h} = \frac{2h^2 - 16h}{h}$$

$$= \frac{h(2h - 16)}{h}$$

$$= 2h - 16$$

$$\rightarrow -16 \text{ für } h \rightarrow 0$$

Als Ergebnis haben wir: *f'(-4) = -16.*

B) Berechne die Ableitung für die Funktion f(x) = 2x²+3 an einer beliebigen Stelle

Naja, ist ja so ähnlich, wie die gerade gerechnete, nur dass wir für x nichts einsetzen können. Wir rechnen also allgemein:

f(x+h) = 2(x+h)²+ 3 = 2(x²+ 2xh + h²) + 3 = 2x²+ 4xh + 2h²+ 3

f(x) = 2x²+3

$$\frac{f(x_0 + h) - f(x_0)}{h} = \frac{(2x^2 + 4xh + 2h^2 + 3) - (2x^2 + 3)}{h}$$

$$= \frac{4xh + 2h^2}{h}$$

$$= 4x + 2h \quad \rightarrow 4x \quad \text{für } h \rightarrow 0$$

Ergebnis: *f'(x) = 4x*

Wenn wir nun Aufgabe A überprüfen wollen, setzen wir x = -4 ein:
f'(-4) = 4·(-4) = -16 und erhalten das gleiche Ergebnis.

C) Berechne die Ableitung der Funktion $f(x) = \frac{1}{x^2}$ *an den Stellen x₀ = 2.*   S.61;11

Auch wenn es komplizierter aussieht, kann man dieses genauso lösen, wie die übrigen Aufgaben. Wir müssen nur sehr konzentriert arbeiten.

Wir bilden zunächst unseren Differenzenquotienten für x₀ = 2:

$$\frac{f(2 + h) - f(2)}{h} = \frac{\frac{1}{(2 + h)^2} - \frac{1}{2^2}}{h}$$

Damit es etwas übersichtlicher wird, schreiben wir es nun so:

$$= \left(\frac{1}{(2 + h)^2} - \frac{1}{2^2}\right) \cdot \frac{1}{h}$$

Binomische Formel:

$$= \left(\frac{1}{4 + 4h + h^2} - \frac{1}{4}\right) \cdot \frac{1}{h}$$

Wir erweitern die Brüche und bilden einen Hauptnenner:

$$= \left(\frac{4}{(4 + 4h + h^2) \cdot 4} - \frac{(4 + 4h + h^2)}{4 \cdot (4 + 4h + h^2)} \right) \cdot \frac{1}{h}$$

Wir fassen beide Brüche zusammen und vereinfachen:

$$= \left(\frac{4 - (4 + 4h + h^2)}{4 \cdot (4 + 4h + h^2)} \right) \cdot \frac{1}{h}$$

$$= \left(\frac{\cancel{4} - \cancel{4} - 4h - h^2}{4 \cdot (4 + 4h + h^2)} \right) \cdot \frac{1}{h}$$

$$= \frac{-4h - h^2}{16 + 16h + 4h^2} \cdot \frac{1}{h}$$

Wir klammern im Zähler h aus, um es anschließend kürzen zu können:

$$= \frac{\cancel{h}(-4 - h)}{16 + 16h + 4h^2} \cdot \frac{1}{\cancel{h}}$$

$$= \frac{-4 - h}{16 + 16h + 4h^2}$$

Das sieht doch schon ganz gut aus. Nun lassen wir wie gewohnt $h \to 0$ laufen:

$$\frac{-4 - h}{16 + 16h + 4h^2} \quad \to \quad \frac{-4}{16} = -\frac{1}{4}$$

Ergebnis: $f'(2) = -\frac{1}{4}$

Aufgaben zu diesem Thema sind sehr vielfältig und hören sich manchmal recht kompliziert an. Daher noch eine:

S.61; 12   *D) Du hast die Funktion $f(x) = \frac{1}{x}$. Auf dem Graphen der Funktion hast du einen Punkt M(1|1). Die Tangente dieses Punktes bildet mit der x-Achse einen Winkel α (s. Fig. 29). Wie groß ist α?*

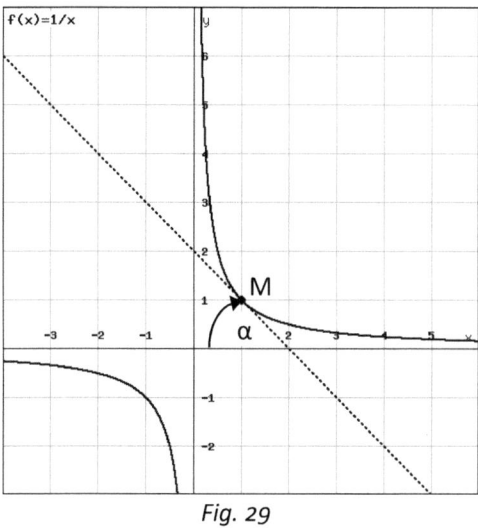

Fig. 29

Was wissen wir?

- Die Ableitung an einer Stelle x gibt die Steigung der Funktion in diesem Punkt an (s. Kap. 2.2): f'(x) ≙ Steigung
- Die Steigung einer Geraden berechnet sich aus dem Tangens

$$\tan(\alpha) = \frac{Gegenkathete}{Ankathetet} = Steigung$$

Als erstes berechnen wir also die Steigung, d. h., die Ableitung der Funktion im Punkt $x_0 = 1$.

$$\frac{f(1+h) - f(1)}{h} = \frac{\frac{1}{1+h} - \frac{1}{1}}{h} = \left(\frac{1}{1+h} - \frac{1}{1}\right) \cdot \frac{1}{h}$$

Brüche erweitern und kürzen:

$$= \left(\frac{1}{(1+h)} - \frac{1+h}{1(1+h)}\right) \cdot \frac{1}{h}$$

$$= \left(\frac{1 - (1+h)}{(1+h)}\right) \cdot \frac{1}{h}$$

$$= \frac{-1 \cdot h}{(1+h)} \cdot \frac{1}{h}$$

$$= \frac{-1}{1+h}$$

Das sieht doch schon super aus. Nun, wie immer, $h \to 0$ laufen lassen:

$$\frac{-1}{1+h} \to -1$$

Teilergebnis: *f'(1) = -1*

Jetzt müssen wir noch aus dem Steigungswert -1 den Winkel α berechnen:

$$tan(\alpha) = -1$$

$$\alpha = \text{atan}\,(-1)$$

$$\alpha = -\frac{\pi}{4}$$

oder

$$\alpha = -45^0$$

Ergebnis:
Die Tangente der Funktion $f(x) = \frac{1}{x}$ bildet an der Stelle $x_0 = 1$ mit der x-Achse einen Winkel von -45°.

Warum -45° und nicht +45°?
Per Definition sind im Koordinatensystem alle Winkel gegen den Uhrzeigersinn positiv und im Uhrzeigersinn negativ.
In unserem Fall macht es durchaus Sinn, den negativen Wert anzugeben, um auszudrücken, dass die Tangente ein Gefälle hat.
(Wäre es die Steigung eines Berges, wäre es wiederum eine Frage des Standpunktes: bin ich im Tal oder auf dem Gipfel?)

2.4 Die Ableitungsfunktion

LERNZIELE:
- **Ableitungsfunktion**
- **2. Ableitung f''(x)**

Dieses Kapitel handelt davon, dass man nicht für jeden Punkt einen eigenen Differentialquotienten aufstellt, sondern eine allgemeine Form zu finde. Für uns geht das nun recht schnell, da wir uns im letzten Kapitel mit Aufgabe B schon angeschaut haben, wie man den Differenzialquotienten allgemein berechnet.

Machen wir aber trotzdem noch ein Beispiel hierzu.

Wir haben die Funktion $f(x) = x^2 - x$.

Wir bereiten unseren Differentialquotienten vor:

$f(x) = x^2 - x$

$f(x+h) = (x + h)^2 - (x + h) = x^2 + 2xh + h^2 - x - h$

$$\frac{f(x + h) - f(x)}{h} = \frac{(x^2 + 2xh + h^2 - x - h) - (x^2 - x)}{h}$$

vereinfachen:

$$= \frac{\cancel{x^2} + 2xh + h^2 - \cancel{x} - h - \cancel{x^2} + \cancel{x}}{h}$$

$$= \frac{2xh + h^2 - h}{h}$$

wir klammern h im Zähler aus und kürzen:

$$= \frac{\cancel{h}(2x + h - 1)}{\cancel{h}} = 2x + h - 1$$

Wenn $h \to 0$ läuft, dann erhalten wir die **Ableitungsfunktion**:

$$f'(x) = 2x - 1$$

Mit dieser Ableitungsfunktion können wir nun für jeden x-Wert der Definitionsmenge die Ableitung berechnen:

z. B. f'(2) = 3, f'(-5) = -11, f'(31) = 61 usw.

Wie im Mathebuch, auch hier nochmal die Definition für die Ableitungsfunktion:

*„Ist eine Funktion f für alle x ∈ D_f differenzierbar, so heißt die Funktion,
die jeder Stelle x der Definitionsmenge die Ableitung f'(x) an dieser Stelle
zuordnet, die Ableitungsfunktion f' oder Ableitung von f."*

Da die Ableitungsfunktion eine gewöhnliche Funktion ist, kann man
diese, wenn differenzierbar, wiederum ableiten. Man spricht dann von
der **2. Ableitung** der Funktion f oder auch „f zwei Strich". Abgekürzt
schreibt man dann **f''(x)**.
Dieses kann man bis zur **n-ten Ableitung** fortführen.

Das war's schon für dieses Kapitel. Üben wir es zur Festigung:

A) *Bestimme die Funktionsgleichung der 1. und 2. Ableitung für die
Funktion f(x) = x³+ 4*

$f(x) = x^3 + 4$
$f(x + h) = (x + h)^3 + 4 = x^3 + 3x^2h + 3xh^2 + h^3 + 4$

$$\frac{f(x + h) - f(x)}{h} = \frac{(x^3 + 3x^2h + 3xh^2 + h^3 + 4) - (x^3 + 4)}{h}$$

h ausklammern, kürzen:

$$= \frac{h(3x^2 + 3xh + h^2)}{h}$$

$$= 3x^2 + 3xh + h^2$$

Für $h \to 0$

$$3x^2 + 3xh + h^2 \quad \to \quad f'(x) = 3x^2$$

Dann zur 2. Ableitung:

$f'(x) = 3x^2$
$f'(x + h) = 3(x + h)^2 = 3(x^2 + 2xh + h^2) = 3x^2 + 6xh + 3h^2$

$$\frac{f'(x + h) - f'(x)}{h} = \frac{(3x^2 + 6xh + h^2) - (3x^2)}{h}$$

h ausklammern, kürzen:

$$= \frac{h \cdot (6x + h)}{h}$$

$$= 6x + h$$

Für $h \to 0$

$$6x + h \quad \to \quad f''(x) = 6x$$

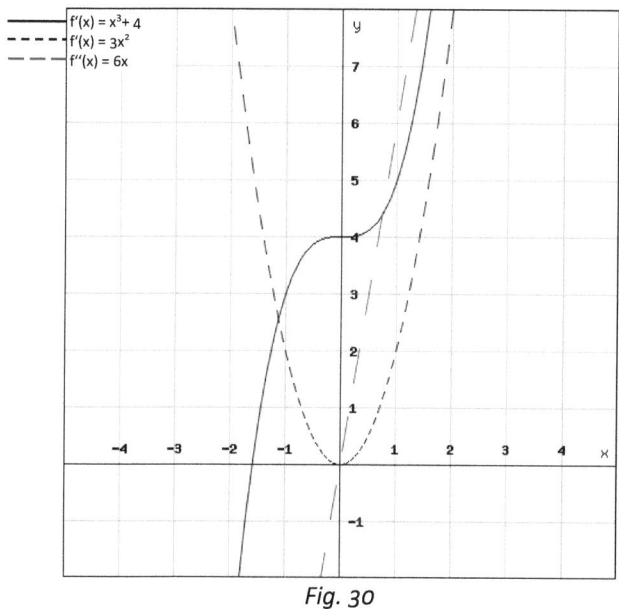

Fig. 30

Aus Fig. 30 können wir ein paar Verallgemeinerungen ablesen:

- Für den Bereich einer positiven Steigung einer Funktion f ist f' immer positiv (oberhalb der x-Achse).
- Ist die Steigung gleich Null, so schneidet/berührt f' dort die x-Achse.
- Ist die Steigung der Funktion f negativ, so ist auch f' immer negativ (unterhalb der x-Achse).

2.5 Ableitungsregeln

> **Lernziele:**
> - **Potenzregel**
> - **Faktorregel**
> - **Summenregel**
> - (Produktregel)

Dieses Kapitel wird euch gefallen, denn nun wird alles etwas einfacher. Bisher war es ziemlich aufwendig, immer wieder den Differenzenquotienten aufzustellen und auszurechnen. Nun wollen wir Regeln aufstellen, die es ermöglichen, ganz einfach eine Ableitung zu berechnen.

Ich verzichte hier auf die Herleitung der Regeln, die findet ihr im Mathebuch. Wir schauen uns die Regeln an und üben deren Anwendung.

Potenzregel

Für eine Funktion $f(x) = x^n$ gilt:

$$f'(x) = n \cdot x^{n-1} \qquad \text{für } n \in \mathbb{N}$$

Für die Ableitung f' nehmen wir x mit der Potenz n mal und reduzieren die Potenz um einen (n-1). Bsp.:

$$f(x) = x^3$$

$$n-1 = 3-1 = 2$$

$$f'(x) = 3 \cdot x^2$$

Das lässt sich doch nun viel leichter berechnen als mit dem Differenzenquotienten, oder?

Noch ein Beispiel: $\qquad f(x) = x^2 \;\rightarrow\; n = 2$

Wie gesagt: für die Ableitung nehmen wir x mit n mal und reduzieren n um eins und fertig ist die Ableitung:

$$f'(x) = n \cdot x^{n-1} = 2x^{2-1} = 2x$$

Und ein letztes Mal: $\qquad f(x) = 5x$

$n = 1$ und $n-1 = 0$. Damit können wir unsere Ableitung bilden:

$$f'(x) = 5x^0 = 5$$

Wichtig: die Ableitung einer Konstanten ist gleich Null!

$$f(x) = 7 \quad \rightarrow \quad f'(x) = 0$$

Faktorregel

Die Faktorregel ist noch einfacher:

Für eine Funktion $f(x) = r \cdot g(x)$ gilt:

$$f'(x) = r \cdot g'(x) \qquad \text{für } r \in \mathbb{R}$$

Auf gut Deutsch: Ein Faktor bleibt auch für die Ableitung bestehen. Auch hier ein Beispiel:

$$f(x) = 3x^2$$

Wir haben also $r = 3$ und $g(x) = x^2$.

$$f'(x) = 3 \cdot g'(x)$$

$g'(x)$ rechnen wir nach der geraden gelernten Potenzregel aus:

$$g(x) = x^2$$

$$g'(x) = 2x^1$$

Wir haben damit

$$f'(x) = 3 \cdot 2x = 6x$$

Fertig!

Summenregel

Diese Regel ist ebenfalls leicht zu merken.

Für eine Funktion $f(x) = g(x) + h(x)$ gilt:

$$f'(x) = g'(x) + h'(x)$$

Besteht eine Funktion aus einer Summe von Funktionen, so ist die Ableitung die Summe der Ableitungen der einzelnen Funktionen.

Bsp: $$f(x) = x^4 + x^2$$

Wir haben $g(x) = x^4$ und $h(x) = x^2$.
Wir leiten beide nach der Potenzregel ab und erhalten

$$g'(x) = 4x^3 \text{ und } h'(x) = 2x$$

Für $f'(x)$ summieren wir ganz einfach die beiden Ableitungen

$$f'(x) = 4x^3 + 2x$$

Es ist übrigens egal, wie viele Funktionen addiert werden; die Regel gilt immer:

$$f(x) = 4x^3 + 2x^2 - 5x$$
$$\downarrow \quad \downarrow \quad \downarrow$$
$$f'(x) = 12x^2 + 4x - 5$$

Wie ihr am letzten Beispiel seht, können alle Regeln miteinander kombiniert werden.

Fassen wir alle Regeln noch mal zusammen:

Produktregel	$f(x) = x^n$	$f'(x) = n \cdot x^{n-1}$
Faktorenregel	$f(x) = r \cdot g(x)$	$f'(x) = r \cdot g'(x)$
Summenregel	$f(x) = g(x) + h(x)$	$f'(x) = g'(x) + h'(x)$
Produktregel	$f(x) = g(x) \cdot h(x)$	$f'(x) = g'(x) \cdot h(x) + g(x) \cdot h'(x)$

Exkurs Produktregel:
Nanu, eine vierte Regel? Diese bekommt ihr erst später. Ich möchte aber trotzdem schon einmal darauf hinweisen, da es Aufgabenstellungen gibt, die für euch eventuell zur Falle werden. Nehmen wir die Funktion

$$f(x) = (x^2 - x) \cdot (x^3 - 2)$$

Wie wollt hier die Ableitung berechnen?

Der ein oder andere kommt vielleicht nun auf die Idee zu sagen, wir haben

$$g(x) = x^2\text{-}x \quad und \quad h(x) = x^3\text{-}2$$

und somit

$$g'(x) = 2x\text{-}1 \quad und \quad h'(x) = 3x^2$$

So weit, so gut. Aber nun auf <u>keinen Fall</u> die Summenregel anwenden!!!!
Die gilt wirklich nur für Summen → g(x) + h(x) !!!

Hier muss die **Produktregel** zur angewendet werden → g(x) · h(x)!!!

Wir hätten dann:

$$f'(x) = g'(x){\cdot}h(x) + g(x){\cdot}h'(x)$$
$$f'(x) = (2x\text{-}1)(x^3\text{-}2) + (x^2\text{-}x)(3x^2)$$
$$f'(x) = (2x^4\text{-}x^3\text{-}4x+2) + (3x^4\text{-}3x^3)$$
$$f'(x) = 5x^4\text{-} 4x^3\text{-} 4x + 2$$

Darfst du ruhig überspringen

Aber wie gesagt, das kommt erst im nächsten Schuljahr dran.

Euer Lehrer erwartet in diesem Fall von euch, dass ihr zunächst die Klammern ausmultipliziert. Denn dann kann man die Summenregel problemlos anwenden.

$$f(x) = (x^2\text{-}x) \cdot (x^3\text{-}2)$$
$$f(x) = x^5\text{-} x^4\text{-} 2x^2+ 2x$$
$$f'(x) = 5x^4\text{-} 4x^3\text{-} 4x + 2$$

So, dann üben wir noch ein wenig

A) *Bestimme die Ableitungsfunktion von*
1) f(x) = 4x^8+3x^6-x^3-2x + 5

S.67; 1

Hier müssen wir alle drei Regeln anwenden: zunächst ist es eine Summe von Funktionen:

$$f(x) = h(x) + i(x)\, j(x) + k(x) + l(x)$$

mit $\quad$ $h(x) = 4x^8$, $i(x) = 3x^6$, $j(x) = -x^3$, $k(x) = -2x$ und $l(x) = 5$.

Für die einzelnen Ableitungen müssen wir die Potenz- und Faktorregel anwenden:

$$h(x) = 4x^8 \quad \text{mit} \quad r = 4 \text{ und } g(x) = x^8 \quad \rightarrow \quad h'(x) = 4 \cdot 8 \cdot x^{8-1} = 32 \cdot x^7$$
$$i(x) = 3x^6 \quad \text{mit} \quad r = 3 \text{ und } g(x) = x^6 \quad \rightarrow \quad i'(x) = 3 \cdot 6 \cdot x^{6-1} = 18 \cdot x^5$$
$$j(x) = -x^3 \quad \text{mit} \quad r = -1 \text{ und } g(x) = x^3 \quad \rightarrow \quad j'(x) = -1 \cdot 3 \cdot x^{3-1} = -3 \cdot x^2$$
$$k(x) = -2x \quad \text{mit} \quad r = -2 \text{ und } g(x) = x \quad \rightarrow \quad k'(x) = -2 \cdot 1 \cdot x^{1-1} = -2$$
$$l(x) = 5 \quad\qquad\qquad\qquad\qquad\qquad\qquad \rightarrow \quad l'(x) = 0$$

Wir bilden die Summe und haben das Ergebnis:

$$f'(x) = 32 \cdot x^7 + 18 \cdot x^5 - 3 \cdot x^2 - 2$$

S.67; 3   2) $f(x) = (x-4)(x+4)$

Wir müssen zunächst ausmultiplizieren (denkt an den Exkurs) und erhalten:

$$f(x) = x^2 - 16$$

Nun können wir ableiten:

$$f'(x) = 2x^1 - 0 = 2x$$

3) $f(x) = \frac{3+x^2}{2}$

Hier sollten wir den Bruch aufteilen:

$$f(x) = \frac{3}{2} + \frac{x^2}{2} = \frac{3}{2} + \frac{1}{2}x^2$$

Und schon sieht es wieder wie gewohnt aus und wir leiten ab:

$$f'(x) = 0 + \frac{1}{2} \cdot 2 \cdot x^{2-1}$$
$$f'(x) = x$$

Kommen wir nun zu den bei allen Schülern beliebten Textaufgaben.

S.68; 8   B) *Wissenschaftler beobachten ein neues Bakterium und stellen fest, dass das Wachstum (in Millionen Bakterien) im Zeitraum 0 h ≤ t ≤10 h näherungsweise der Funktion W(t) = -0,51t³+7,59t²+ 5,6 entspricht.*

1) *Berechne die Ableitungsfunktion und zeichne beiden Graphen (du kannst sie dir auf deinem GTR anzeigen lassen).*

2) *Warum betrachtete man die Ableitungsfunktion? Was sagt dieses bzw. ihr Verlauf aus?*

1)
Hier müssen wir nur die Ableitung mittels der Ableitungsregeln berechnen.

$$W(t) = -0{,}51t^3 + 7{,}59t^2 + 5{,}6$$
$$W'(t) = -0{,}51 \cdot 3 \cdot t^{3-1} + 7{,}59 \cdot 2 \cdot t^{2-1} + 0$$
$$W'(t) = -1{,}53 \cdot t^2 + 15{,}18 \cdot t$$

Die Graphen sehen dann wie in Fig. 31 aus:

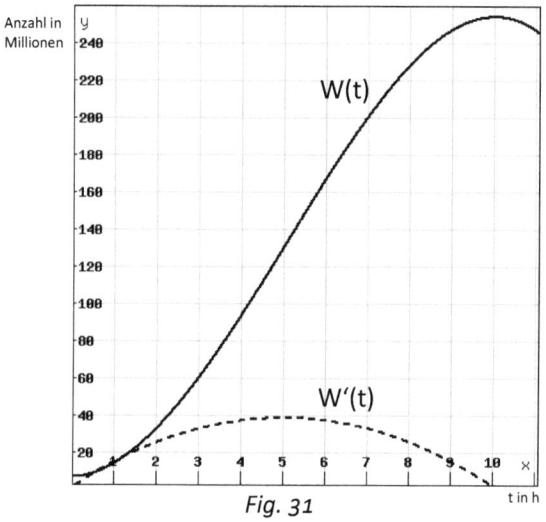

Fig. 31

2)
Was sagt uns die Ableitung? Die Ableitung gibt uns bekanntlich die Steigung in jedem Punkt der Funktion an. In unserem Fall können wir mittels der Ableitungsfunktion W' die Wachstumsgeschwindigkeit (Wachstumsrate) zu jedem Zeitpunkt ablesen:

- Die Wachstumsrate starten bei null.
- Die Geschwindigkeit des Wachstums nimmt in den ersten fünf Stunden zu.
- Nach fünf Stunden haben wir die höchste Wachstumsrate.
- Nach der fünften Stunde nimmt die Wachstumsgeschwindigkeit wieder ab.
- Nach 10 Stunden gibt es kein Wachstum mehr.

Zum Abschluss noch eine recht umfangreiche Aufgabe, die dir helfen soll, ähnliche Aufgaben zu lösen.

S.68; 7 *C) Du wirfst einen Gegenstand senkrecht in die Luft. Mit der Formel*

$$h(t) = h_0 + v_0 \cdot t - \frac{g}{2}t^2$$

mit $h_0 :=$ *Anfangshöhe in Meter,*
$v_0 :=$ *Anfangsgeschwindigkeit* $\frac{m}{s}$,
$g :=$ *Erdbeschleunigung* $(9{,}8\frac{m}{s^2})$,
kannst du die momentane Höhe (in Metern) des Gegenstandes in Abhängigkeit von der Zeit t (in Sekunden) bestimmen.
Die momentane Geschwindigkeit des Gegenstandes erhältst du durch die Ableitung der Höhenfunktion.

1) *Stelle eine Formel für die Geschwindigkeit des Gegenstandes auf. Du kannst eine Anfangshöhe von* $h_0 = 1{,}65$ *m und eine Anfangsgeschwindigkeit von* $v_0 = 10\frac{m}{s}$ *annehmen.*

Wie in der Aufgabenstellung schon beschrieben, brauchen wir für die Geschwindigkeitsfunktion die Ableitung der Höhenfunktion: *v(t) = h'(t)*

$$h(t) = h_0 + v_0 \cdot t - \frac{g}{2}t^2$$

Wir setzen die uns gegeben Werte ein:

$$h(t) = 1{,}65m + 10\frac{m}{s} \cdot t - \frac{9{,}8\frac{m}{s^2}}{2}t^2$$

$$v(t) = h'(t) = 10\frac{m}{s} - \frac{9{,}8\frac{m}{s^2}}{2} \cdot 2 \cdot t$$

$$v(t) = 10\frac{m}{s} - 9{,}8\frac{m}{s^2} \cdot t$$

2) *Welche Geschwindigkeit hat der Gegenstand nach 1,5 Sekunden bei diesen Annahmen? Was bedeutet das Ergebnis?*

Wir setzen einfach den Wert in v(t) ein:

$$v(t) = 10\tfrac{m}{s} - 9{,}8\tfrac{m}{s^2} \cdot t$$

$$v(1{,}5) = 10\tfrac{m}{s} - 9{,}8\tfrac{m}{s^2} \cdot 1{,}5s$$

$$v(1{,}5) = -4{,}7\tfrac{m}{s}$$

Das Ergebnis ist negativ. Das bedeutet, dass der Gegenstand uns bereits wieder entgegenkommt, er ist am fallen(s. Fig. 32).

3) *Nach welcher Zeit hat der Gegenstand seinen höchsten Punkt erreicht und wie hoch war er dabei?*

Der Gegenstand hat seinen höchsten Punkt erreicht, wenn er keine Geschwindigkeit mehr hat: *v(t) = 0*

Wir nehmen unsere Geschwindigkeitsformel und setzen sie gleich Null:

$$10\tfrac{m}{s} - 9{,}8\tfrac{m}{s^2} \cdot t = 0 \qquad | + 9{,}8\tfrac{m}{s^2}t$$

$$10\tfrac{m}{s} = 9{,}8\tfrac{m}{s^2} \cdot t \qquad | \div 9{,}8\tfrac{m}{s^2}$$

$$1{,}02 \; s = t$$

Nach 1,02 Sekunden hat der Gegenstand seinen höchsten Punkt erreicht.

Diesen Wert können wir nun in unsere Höhenformel einsetzen:

$$h(t) = 1{,}65m + 10\tfrac{m}{s} \cdot t - 4{,}9\tfrac{m}{s^2} t^2$$

$$h(1{,}02) = 1{,}65m + 10\tfrac{m}{s} \cdot 1{,}02s - 4{,}9\tfrac{m}{s^2} (1{,}02s)^2$$

$$h(1{,}02) = 6{,}75m$$

Wir erreichen mit dem Gegenstand eine maximale Höhe von 6,75 m.

4) Nach welcher Zeit hat er dich auf der gleichen Höhe wieder erreicht?

Die Frage ist also, wann der Gegenstand erneut eine Höhe von 1,65 m erreicht hat. Wir nehmen unsere Höhenformel und setzen sie gleich 1,65 m.

$$h(t) = 1{,}65m + 10\frac{m}{s} \cdot t - 4{,}9\frac{m}{s^2} \cdot t^2$$

$$16{,}5m = 1{,}65m + 10\frac{m}{s} \cdot t - 4{,}9\frac{m}{s^2} \cdot t^2 \qquad |-1{,}65m$$

$$0 = 10\frac{m}{s} \cdot t - 4{,}9\frac{m}{s^2} \cdot t^2$$

$$4{,}9\frac{m}{s^2} \cdot t^2 - 10\frac{m}{s} \cdot t = 0$$

Wir klammern t aus:

$$t \cdot \left(4{,}9\frac{m}{s^2} \cdot t - 10\frac{m}{s}\right) = 0$$

Ein Produkt ist gleich null, wenn mindestens ein Faktor gleich null ist. Wir habe damit unsere erste Lösung $t_1 = 0$.
Das war aber auch zu erwarten, da wir bei t = 0 den Gegenstand ja aus der Anfangshöhe loswerfen. Kümmern wir uns nun um die Klammer:

$$4{,}9\frac{m}{s^2} \cdot t - 10\frac{m}{s} = 0 \qquad |+10\frac{m}{s}$$

$$4{,}9\frac{m}{s^2} \cdot t = 10\frac{m}{s} \qquad |\div 4{,}9\frac{m}{s^2}$$

$$t = 2{,}04s$$

Nach 2,04 Sekunden erreicht der Gegenstand wieder die Anfangshöhe.

5) Stelle eine allgemeine Formel für die Geschwindigkeit des Gegenstandes auf. Die Abwurfhöhe und die Abwurfgeschwindigkeit sollen dabei beliebig sein.

Wir starten wieder mit unserer Höhenformel. Dieses Mal nehmen wir die allgemeine Form aus der Aufgabenstellung:

$$h(t) = h_0 + v_0 \cdot t - \frac{g}{2}t^2$$

Diese müssen wir nun nach t ableiten, um die Geschwindigkeitsformel zu erhalten:

$$v(t) = h'(t) = 0 + v_0 \cdot t^0 - \frac{g}{2} \cdot 2 \cdot t^1$$

$$v(t) = v_0 - g \cdot t$$

Geschafft! Das soll nun aber auch an Aufgaben genügen.

Hier noch die Graphen zu den Aufgaben 1-4 mit den berechneten Punkten:

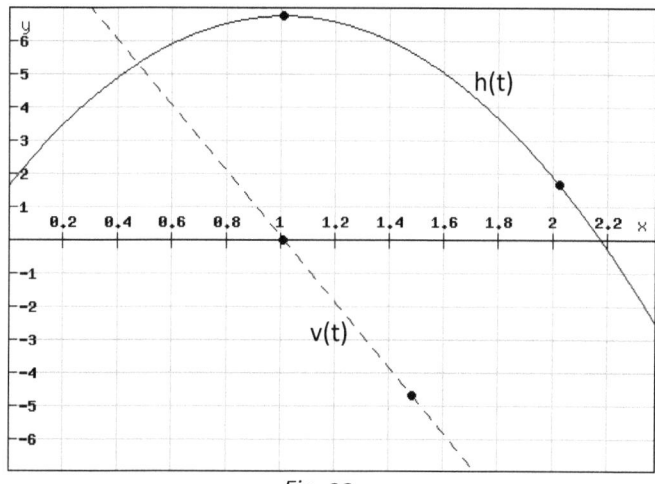

Fig. 32

Tipp:
Fragt doch euren Lehrer, ob ihr bei solchen Aufgabenstellungen bei der Berechnung die Einheiten mitführen müsst oder ob ihr ohne Einheiten rechnen dürft.
Die Einheiten sind zwar physikalisch notwendig, hat aber, um Ableitungen zu lernen, didaktisch wenig Input und macht Gleichungen unübersichtlich.

2.6 Tangente

In diesem Kapitel kümmern wir uns etwas mehr um die Tangente eines Funktionspunkts, die wir ja bereits in Kapitel 2.2 kennengelernt haben.

Eine **Tangente** ist nichts anderes als eine Gerade und eine Geradenfunktion kennen wir (s. Kap. 1.2):

$$f(x) = mx + n$$

Darüber hinaus wissen wir:
- Die Tangente eines Punktes P stellt die Steigung der Funktion f in diesem Punkt dar.
- Die Steigung für einen Punkt können wir mittels der Ableitung der Funktion f berechnen.

Daraus folgt:

$$m = f'(x_0)$$

Um n zu bestimmen, setzen wir den y-Wert für den Punkt P(x_0 / $f(x_0)$) ein. Und das ist schon alles.
Sehen wir es uns mal an einem Beispiel an:

Wir haben die Funktion $f(x) = 2x^4 - 3x^2 + 5x - 7$ und wollen für den Punkt P(1|-3) die Tangentengleichung $t(x)$ aufstellen.

$$m = f'(x_0)$$
$$m = 8x_0^3 - 6x_0 + 5$$

Wir setzen $x_0 = 1$ ein:

$$m = 8 - 6 + 5$$
$$m = 7$$

Wir haben also bisher für unsere Tangentengleichung t:

$$t(x) = 7x + n$$

Jetzt müssen wir noch den Achsenabschnitt n bestimmen. Hierzu setzen wir unseren Punkt P P(1|-3) in die Gleichung ein:

$$-3 = 7 \cdot 1 + n$$

$$n = -10$$

Ergebnis: die Tangentengleichung t für den Punt P(1|-3) lautet

$$t(x) = 7x - 10$$

Und so sieht der entsprechende Graph aus:

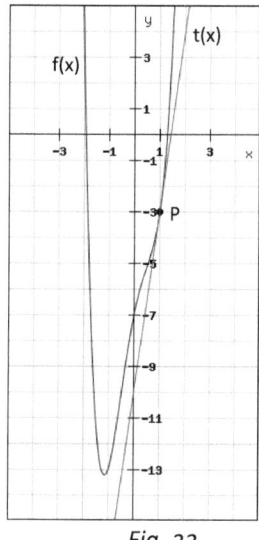

Fig. 33

Auch hierzu wieder ein paar Übungen.

A) Bestimme die Tangentengleichung für den Punkt P(x_0| f(x_0)) für die S.71; 1
Funktion $f(x) = \frac{1}{3}x^3 - 2x - 1$ für den Punkt $x_0 = 3$.

Zunächst müssen wir den y-Wert für den Punkt P berechnen

$$f(3) = \frac{1}{3} \cdot 3^3 - 2 \cdot 3 - 1$$

$$= 2$$

Nun müssen wir also für den Punkt P(3|2) die Tangentengleichung $t(x) = mx + n$ bestimmen.

Die Steigung m entspricht der Ableitung f' der Funktion f:

$$f(x) = \frac{1}{3}x^3 - 2x - 1$$

$$f'(x) = \frac{1}{3} \cdot 3 \cdot x^2 - 2$$

$$f'(x) = x^2 - 2$$

Wir setzen unseren x-Wert der Punktes P ein:

$$m = f'(3) = 3^2 - 2 = 7$$

Nun fehlt uns noch der y-Achsenabschnitt n. Hierzu setzen wir auch dieses Mal unseren Punkt P(3|2) in die Gleichung ein:

$$t(x_0) = 7 \cdot x_0 + n$$
$$t(3) = 7 \cdot 3 + n$$
$$2 = 21 + n$$
$$-19 = n$$

Damit haben wir unserer Tangentengleichung:

$$t(x) = 7x - 19$$

B) *Du hast eine Gerade g(x) = x-1. In welchem Punkt P der Funktion* $f(x) = \frac{1}{3}x^3 + 1$ *ist die Tangente parallel zu der Geraden g?*

Wow, das hört sich aber kompliziert an! Wir suchen also einen Punkt auf der Funktion *f*, dessen Tangente *t* parallel zu Geraden *g* verläuft.

Die Gerade *g* hat eine Steigung von *m = 1*:

$$g(x) = m \cdot x + n$$
$$g(x) = \quad x - 1$$
$$m = 1$$

Wenn zwei Geraden **parallel** zueinander sind, müssen sie die **gleiche Steigung** m haben.
Unsere Tangente hat also auch eine Steigung von $m = 1$.
Wir haben also nun bereits:

$$t(x) = 1 \cdot x + n$$

Was wissen wir noch?
Die Steigung der Tangente ist gleich der Ableitung der Funktion f:

$$m = f'(x)$$

$$f(x) = \frac{1}{3}x^3 + 1$$

$$f'(x) = x^2$$

$$m = x^2$$

Jetzt können wir den Punkt ausrechnen, an dem die Steigung $m = 1$ ist:

$$1 = x^2$$

$$x_{1,2} = \pm 1$$

Es gibt also scheinbar zwei Punkte auf der Funktion f deren Tangente eine Steigung von $m = 1$ hat.
Für beide Punkte rechnen wir den Funktionswert aus:

$$f(x) = \frac{1}{3}x^3 + 1$$

$$f(1) = \frac{1}{3} \cdot 1^3 + 1$$

$$= \frac{4}{3}$$

ergibt $P_1(1 \mid \frac{4}{3})$.

$$f(-1) = \frac{1}{3} \cdot (-1)^3 + 1$$

$$= \frac{2}{3}$$

ergibt $P_2(-1 \mid \frac{2}{3})$.

Um für die Tangentengleichung den fehlenden y-Achsenabschnitt zu berechnen, setzen wir den Punkt P in die Tangentengleichung ein:

Für den 1. Punkt $P_1(1 \mid \frac{4}{3})$:

$$t(x) = x + n$$
$$\frac{4}{3} = 1 + n$$
$$n = \frac{1}{3}$$

Damit haben wir die erste Tangentengleichung:

$$t(x) = x + \frac{1}{3}$$

Was haben wir nun erhalten? Sehen wir uns die Graphen dazu mal an:

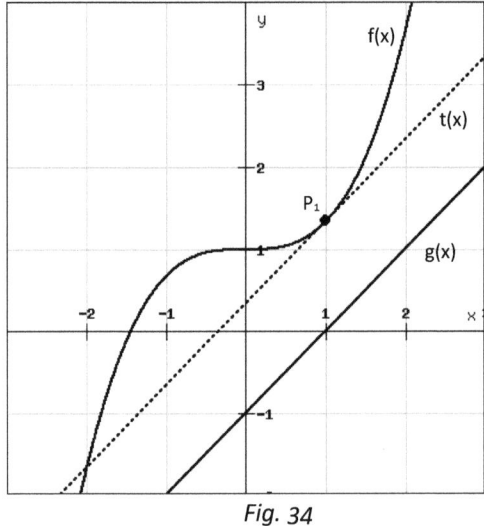

Fig. 34

Wir sehen, dass die Tangente durch den Punkt P_1 wirklich parallel zur Geraden *g* verläuft.

Wollen wir nun zum weiten Punkt $P_2(-1 \mid \frac{2}{3})$ kommen. Hier gehen wir genauso vor, wie bei P_1:

$$t(x) = x + n$$
$$\frac{2}{3} = -1 + n$$
$$n = \frac{5}{3}$$

Damit haben wir die Tangentengleichung für P_2:

$$t(x) = x + \frac{5}{3}$$

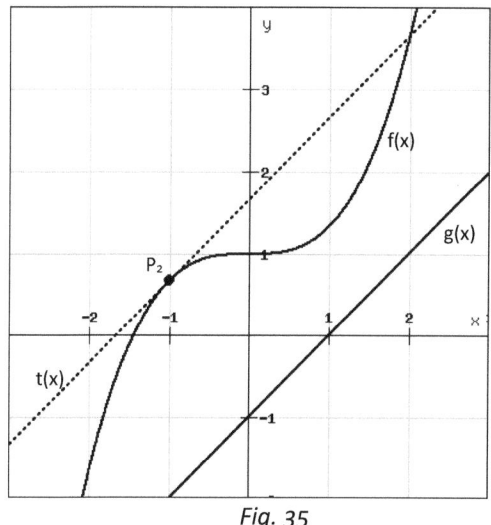

Fig. 35

Wie ihr seht, kann so eine Aufgabe recht komplex sein und man muss sehen, was gesucht ist und wie man dort hinkommt. Hier hilft leider nur Übung.

Daher nun noch eine, die auch nicht gerade einfach zu lösen ist:

S.71; 6 *C) Im Punkt P(x₀ | f(x₀)) der Funktion f bilden wir eine Tangente. Zusätzlich haben wir eine Gerade h. Wie groß ist die Fläche des Dreiecks, das Tangente, Gerade k und die x-Achse bilden?*

$$f(x) = x^2 - 2x + 1 \quad, \quad x_0 = 2 \quad und \quad k(x) = -x + 6$$

Ich sehe schon die Fragezeichen in eurem Gesicht.
Schauen wir uns mal alles an:

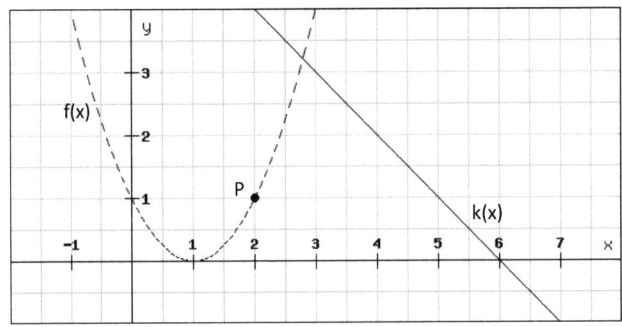

Fig. 36

Wir haben *f(x)*, den Punkt P bei *x₀=2* und die Gerade *k(x)*. Nun zeichne ich schon einmal ungefähr die Tangente für *x₀* ein, um zu sehen, was die Aufgabenstellung eigentlich meint:

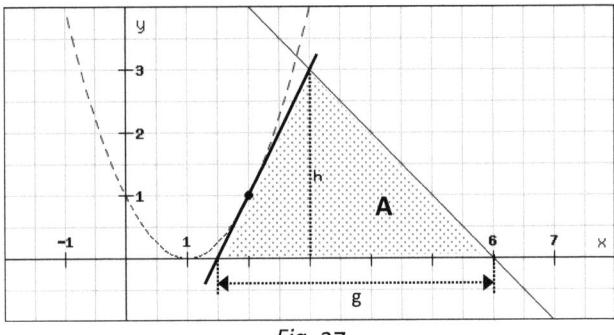

Fig. 37

Nun sehen wir das Dreieck und seiner Fläche A, um das es geht.
Als erstes müssen wir die Tangentengleichung bestimmen.

Wir wissen inzwischen, dass wir zur Tangentenbestimmung auch den y-Wert des Punktes der Tangente benötigen:

$$f(x) = x^2 - 2x + 1$$
$$f(2) = 2^2 - 2 \cdot 2 + 1$$
$$f(2) = 1$$

Die Tangente soll also für den Punkt P(2|1) bestimmt werden.

$$t(x) = m \cdot x + n$$

Die Steigung m der Tangente ist gleich f':

$$f(x) = x^2 - 2x + 1$$
$$f'(x) = 2x - 2$$
$$m = 2x - 2$$

Am Punkt x = 2 beträgt die Steigung der Tangente:

$$m = 2 \cdot 2 - 2$$
$$m = 2$$

Wir haben also bereits: $t(x) = 2 \cdot x + n$

Nun setzen wir wieder den uns bekannten Punkt P(2|1) in die Tangentengleichung ein um n zu erhalten:

$$t(2) = 2 \cdot 2 + n$$
$$1 = 4 + n$$
$$n = -3$$

Damit haben wir die Tangentengleichung für den Punkt P(2|1):

$$t(x) = 2 \cdot x - 3$$

So, jetzt müssen wir in unserem Gedächtnis kramen. Wie berechnet man die Fläche eines Dreiecks?

Fläche eines Dreiecks:
$$A = 0,5 \cdot g \cdot h$$
mit   g := Grundseite des Dreiecks
        h:= Höhe des Dreiecks

Um die Länge der Grundseite zu berechnen, brauchen wir die Differenz der x-Werte der Geraden k und der Tangente t für y = 0.

$$t(x) = 2x - 3$$
$$0 = 2x_{t0} - 3$$
$$x_{t0} = 1{,}5$$

und für die Gerade k:

$$k(x) = -x + 6$$
$$0 = -x_{k0} + 6$$
$$x_{k0} = 6$$

Die Länge der Grundseite ist also:

$$g = x_{k0} - x_{t0}$$
$$g = 6 - 1{,}5$$
$$g = 4{,}5$$

Fehlt noch die Höhe h des Dreiecks. Hierfür müssen wir den Schnittpunkt der Geraden h mit unserer Tangente berechnen. Der y- Wert des Schnittpunkts ist dann unsere gesuchte Höhe.

Wenn die beiden Geraden sich schneiden, ist an diesem Punkt ihr Funktionswert gleich groß. Wir setzen also beide Gleichungen gleich:

$$t(x) = k(x)$$
$$2x - 3 = -x + 6$$
$$3x = 9$$
$$x = 3$$

Bei x=3 schneiden sich also die beiden Geraden. Rechnen wir nun den y-Wert dazu aus, der der Höhe h entspricht:

$$k(x) = -x + 6$$
$$k(3) = -3 + 6$$
$$k(3) = 3$$

Die Höhe h des Dreiecks beträgt als 3.

Damit können wir nun endlich die Fläche unseres Dreiecks berechnen:

$$A = 0,5 \cdot g \cdot h$$
$$A = 0,5 \cdot 4,5 \cdot 3$$
$$A = 6,75$$

Unsere Graphen sehen also so aus:

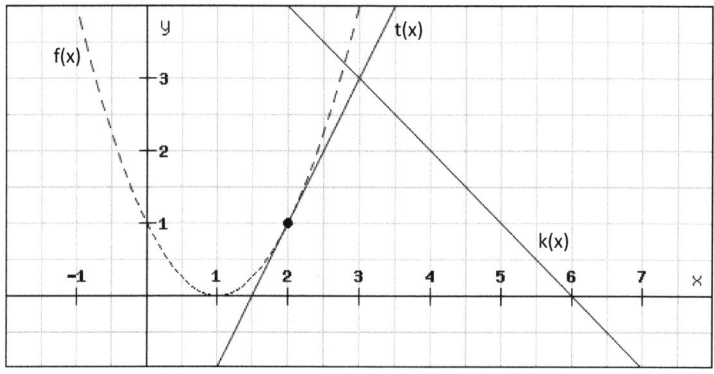

Fig. 38

2.7 Ableitung der Sinus- und Kosinusfunktion

LERNZIELE:
- **Ableitung von Sinusfunktion**
- **Ableitung von Kosinusfunktion**

Dieses Kapitel ist nun endlich mal recht kurz. Es geht nur darum, was passiert, wenn ich Sinus- und Kosinusfunktionen ableite.

Wir merken uns ganz einfach:

f(x)	f'(x)	Abbildung
sin(x)	cos(x)	Fig. 39
cos(x)	-sin(x)	Fig. 40

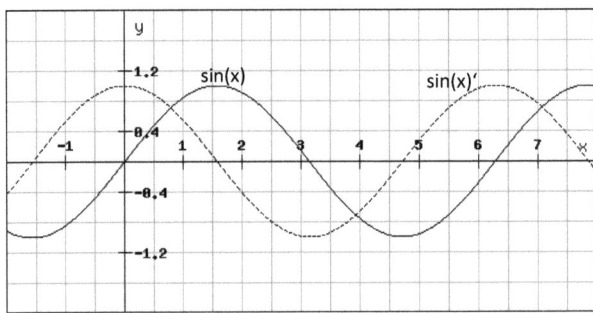

Fig. 39

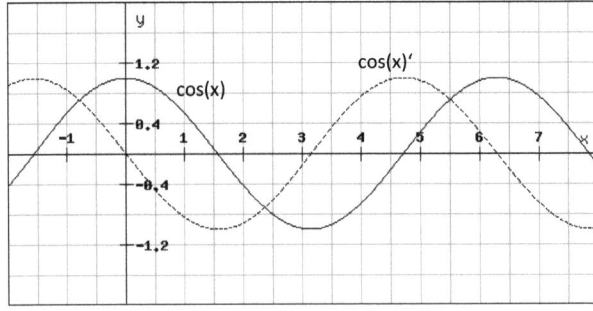

Fig. 40

Ein paar Übungsaufgaben:

A) *Welche Ableitungsfunktion hat $f(x) = 5x^2 + \frac{sin(x)}{2} - \cos(x)$?* S.73; 1

Aus der Tabelle ergibt sich bei der Ableitung aus Sinus wird Kosinus und aus Kosinus wird minus Sinus:

$$f(x) = 5x^2 + \frac{1}{2}\sin(x) - \cos(x)$$

$$f'(x) = 10x + \frac{1}{2}\cos(x) + \sin(x)$$

B) *Welche Steigung hat der Graph der Funktion f(x) = 3+cos(x) an der* S.73; 2
   Stelle $x_0 = \pi$?

Ableitung = Steigung; d. h., wir leiten ab und setzen x_0 ein:

$$f(x) = 3 + cos(x)$$
$$f'(x) = -sin(x)$$
$$f'(\pi) = -sin(\pi)$$
$$f'(\pi) = 0$$

Ergebnis: Die Steigung der Funktion f an der Stelle $x_0 = \pi$ beträgt m = 0.

C) *Wie lautet an der Stelle $x_0 = \frac{\pi}{4}$ die Tangentengleichung der Funktion* S.73; 3
   $f(x) = 2x + 3\,sin(x)$?

Für die Bestimmung der Tangentengleichung brauchen wir einen Punkt; daher setzen wir x_0 in f ein:

$$f(x) = 2x + 3\,sin(x)$$
$$f\left(\frac{\pi}{4}\right) = 2\,\frac{\pi}{4} + 3\,sin\left(\frac{\pi}{4}\right)$$
$$f\left(\frac{\pi}{4}\right) = 3{,}672$$

Wir sollen also die Tangente am Punkt P ($\frac{\pi}{4}$ | 3,672) bestimmen.

Wir wissen, dass die Steigung m = $f'(x)$ ist:

$$f(x) = 2x + 3\sin(x)$$

$$f'(x) = 2 + 3\cos(x)$$

$$f'\left(\frac{\pi}{4}\right) = 2 + 3\cos\left(\frac{\pi}{4}\right)$$

$$f'\left(\frac{\pi}{4}\right) = 4{,}12$$

Wir haben daher bisher: $t(x) = 4{,}12x + n$

Um den y-Achsenabschnitt n zu berechnen, setzen wir unseren Punkt P ($\frac{\pi}{4}$ | 3,672) ein:

$$t(x) = 4{,}12x + n$$

$$t\left(\frac{\pi}{4}\right) = 4{,}12\frac{\pi}{4} + n = 3{,}672$$

$$n = 0{,}436$$

Unsere Tangentengleichung lautet entgültig:

$$t(x) = 4{,}12x + 0{,}436$$

Auch zu diesem Thema gibt es sehr viele unterschiedliche Aufgabentypen; viele kommen dabei aus der Physik. Ich möchte es aber hier mit den Übungen bewenden lassen. Wer Lust auf mehr hat, schaut einfach in sein Mathebuch.

3 Funktionsuntersuchung

3.1 Charakteristische Punkte eines Funktionsgraphen

LERNZIELE:
- **Tiefpunkt/Hochpunkt**
- **Extrempunkt, Extremstelle, Extremwert**
- **lokales Minimum/Maximum**
- **globales Minimum/Maximum**

In Kapitel 1.6 haben wir uns um Nullstellen eines Funktionsgraphen ge-kümmert. Auch was der y-Achsenabschnitt ist, wissen wir bereits. In diesem Kapitel geht es um weitere markante Punkte, die ein Funktions-graph aufweisen kann. Sehen wir sie uns einfach einmal an:

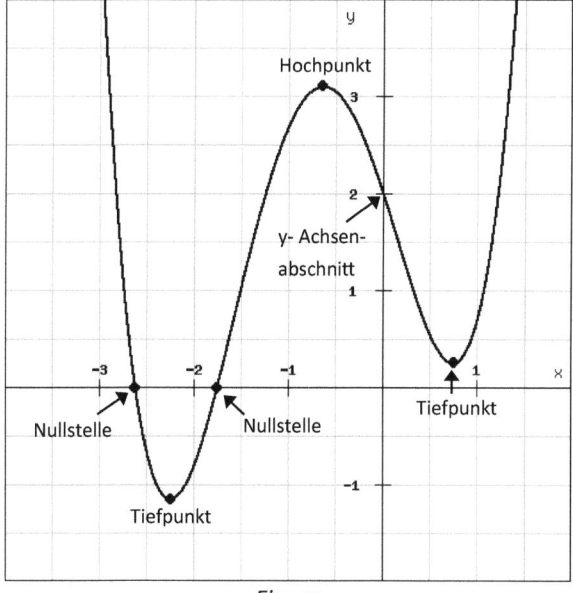

Fig. 41

Der Graph besitzt:
2 Nullstellen, 1 Hochpunkt, 2 Tiefpunkte und einen y-Achsenabschnitt.

Von einem **Tiefpunkt** sprechen wir, wenn es in einem Bereich um diesen Punkt keinen kleineren Funktionswert gibt. Dieses wird auch ein **lokales Minimum** genannt.

Ein **Hochpunkt** ist genau das Gegenteil: in einem Bereich um diesen Punkt gibt es keinen größeren Funktionswert. Es wird dementsprechend **lokales Maximum** genannt.

Warum lokal? Wie wir in Fig. 41 sehen, hat diese Funktion z. B. zwei Tiefpunkte. D. h., jeder Tiefpunkt bezieht sich auf einen lokalen Bereich.

Wenn eine Funktion (wie in Fig. 41) über den gesamten Definitionsbereich einen **tiefsten** Punkt aufweist, so wird dieser als das **globale Minimum** bezeichnet: Es ist der kleinste Funktionswert der gesamten Funktion.

Für Hochpunkte gilt das Gleiche: es wird entsprechend **globales Maximum** genannt

Das bedeutet, das eine Funktion mehrere lokale Hoch- und Tiefpunkte haben kann, aber höchstens jeweils einen globalen Hoch- und Tiefpunkt.

Hoch- und Tiefpunkte nennt man auch **Extrempunkte**. Deren x-Wert ist dabei die **Extremstelle** und deren y-Wert der **Extremwert**.

Übrigens: eine Funktion *kann*, *muss* aber keine Extrempunkte haben. Z. B. hat die Funktion *f(x) = x+1* gar keinen Extrempunkt.

So, das waren aber nun genügend neue Begriffe.

Aufgaben hierzu sind reine Anwendungen auf eurem GTR, bei denen ihr euch die charakteristischen Punkte einer Funktion anzeigen lasst. Dieses möchte ich mir hier sparen, da ich keine Nachhilfe im Bedienen eures Taschenrechners geben möchte.

3.2   Monotonie

Auch in diesem Kapitel gibt es nicht viel zu lernen. Es geht ganz einfach darum, dass Funktionswerte einer Funktion in einem Bereich (Intervall) entweder nur steigen oder nur fallen.
Wir merken uns folgende Definitionen:

Streng monoton steigend:
In einem Intervall I gilt für alle x_1 und x_2: für $x_1 < x_2$ folgt $f(x_1) < f(x_2)$
(s. Fig. 42)

Streng monoton fallend:
In einem Intervall I gilt für alle x_1 und x_2: für $x_1 < x_2$ folgt $f(x_1) > f(x_2)$
(s. Fig. 43)

Aber ein Bild sagt mehr als tausend Worte:

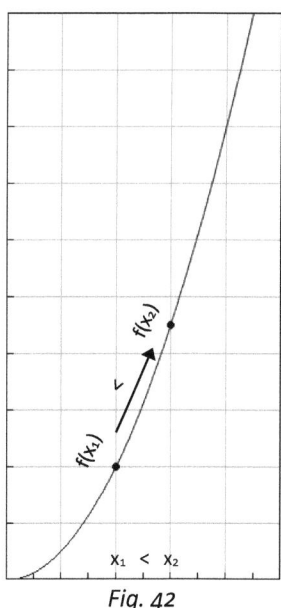

Fig. 42

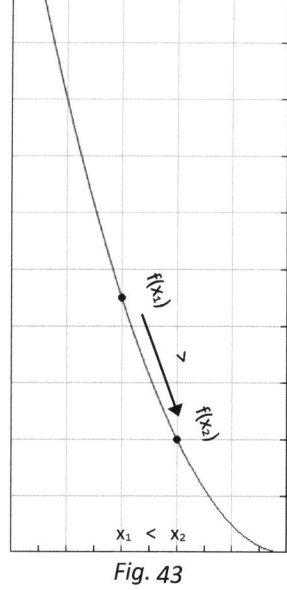

Fig. 43

Eine Spitzfindigkeit gibt es noch zu beachten. Wenn in einem Bereich nicht $f(x_1) < f(x_2)$ sondern $f(x_1) \leq f(x_2)$ gilt, so ist die Funktion in diesem Bereich nur noch **monoton steigend**.

Da die Ableitung einer Funktion bekanntlich die Steigung der Funktion angibt, kann man hierüber sehr gut auf eine steigende oder fallende Monotonie prüfen. Wir merken uns:

streng monoton steigend: $f'(x) > 0$
streng monoton fallend: $f'(x) < 0$

Bei $f'(x_0) = 0$ findet ein **Vorzeichenwechsel (VZW)** der **Steigung** von $f(x_0)$ statt.

Wie untersuche ich jetzt aber eine Funktion auf Monotonie? Hierzu ein Beispiel:
Wir haben die Funktion $f(x) = \frac{1}{3}x^3 - 2x - 1$
und deren Ableitung $f'(x) = x^2 - 2$

Der Graphen dazu sie wie folgt aus:

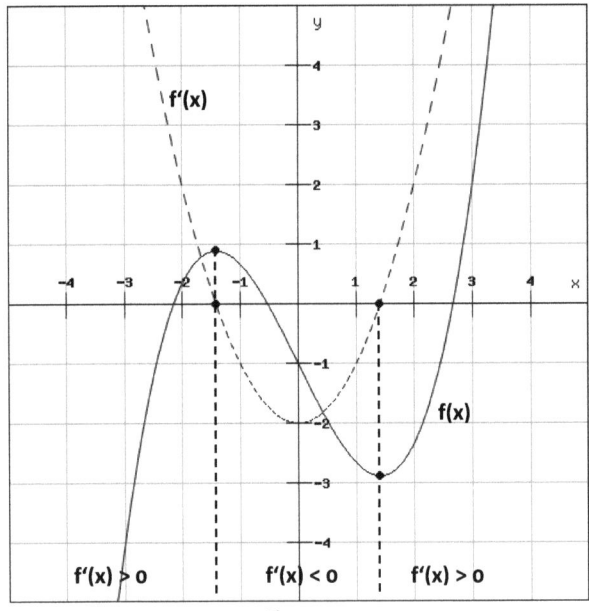

Fig. 44

Die Nullstellen der Ableitung $f'(x)$ lauten:

$$f'(x) = x^2 - 2$$
$$0 = x^2 - 2$$
$$x^2 = 2$$
$$x_{1,2} = \pm\sqrt{2}$$

Das bedeutet, wir betrachten drei Intervalle und die zwei Nullstellen:

	$x < -\sqrt{2}$	$x = -\sqrt{2}$	$-\sqrt{2} < x < \sqrt{2}$	$x = \sqrt{2}$	$x > \sqrt{2}$
$f'(x)$	> 0	0	< 0	0	> 0
Monotonie von $f(x)$	↗ zunehmend	→	↘ abnehmend	→	↗ zunehmend

In Worten ausgedrückt:

Die Funktion f ist

- im Bereich $x < -\sqrt{2}$ streng monoton steigend,
- im Bereich $-\sqrt{2} < x < \sqrt{2}$ streng monoton fallend,
- im Bereich $x > \sqrt{2}$ erneut streng monoton steigend und
- an den Stellen $x = -\sqrt{2}$ und $x = \sqrt{2}$ ist die Steigung gleich null.

3.3 Hoch- und Tiefpunkte

LERNZIELE:
- **Hoch-/ Tiefpunkt**
- **Sattelpunkt**

Jetzt wollen wir uns noch einmal die Hoch- und Tiefpunkte etwas genauer anschauen.
Was wissen wir über einen **Hochpunkt**, z. B. an der Stelle x_H?

- für $x < x_H$ ist die Funktion streng monoton steigend; $f'(x) > 0$

- für $x > x_H$ ist die Funktion streng monoton fallend; $f'(x) < 0$

- an der Stelle $x = x_H$ findet bei der Ableitung f' eine Vorzeichenwechsel (**VZW**) statt, und zwar von + nach −

- $f'(x)$ hat daher bei $x = x_H$ eine Nullstelle

- Die Tangente eines Hochpunktes hat also keine Steigung. Sie ist eine Waagerechte und somit parallel zur x-Achse

Das Ganze sieht dann wie folgt aus:

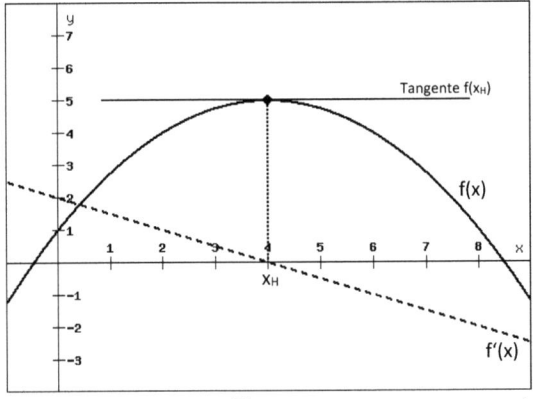

Fig. 45

Für einen Tiefpunkt kann man nach dem gleichen Muster vorgehen.

Jetzt wird es etwas mathematisch.

Für einen Extrempunkt einer Funktion f, müssen folgende Bedingungen erfüllt sein:

Notwendige Bedingung: $f'(x) = 0$

Hinreichende Bedingung: $f'(x) = 0$ und einen Vorzeichenwechsel (VZW) bei der Nullstelle der Ableitung.

Also, wenn ich für eine Stelle x_0 die Bedingung $f'(x_0) = 0$ erfüllt ist, habe ich bei einem **VZW**

$+ \rightarrow -$ **ein lokales Maximum bei x_0**

$- \rightarrow +$ **ein lokales Minimum bei x_0**

Was bedeutet notwendige und hinreichende Bedingung?

Notwendige Bedingung:
Eine Aussage A ist für eine Sachverhalt B eine **notwendige** Bedingung, wenn A **zwingend wahr** bzw. erfüllt sein muss, damit **B wahr** ist.
Man kann sagen: „Wenn B, muss A" oder „Wenn nicht A, dann auch nicht B"

Bsp.:
A = Paul ist unverheiratet
B = Paul ist Junggeselle
„Wenn Paul ein Junggeselle ist (B), muss er unverheiratet sein (A)."
Oder: „Wenn Paul nicht unverheiratet ist, kann er kein Junggeselle sein."

Symbolisch ausgedrückt: $\neg A \Rightarrow \neg B$ (nicht A impliziert nicht B)

Wichtig: Es gilt nicht der Umkehrschluss „wenn A, muss B".
„Wenn Paul unverheiratet ist, muss er nicht zwangsläufig ein Junggeselle sein (er kann auch ein Witwer sein)."

> **Hinreichende Bedingung:**
> Eine hinreichende Bedingung A hat den Sachverhalt B **zwangsläufig zur Folge**: „Wenn A, muss B"
> Bsp.:
> A = Es regnet
> B = die Straße wird nass
> „Wenn es regnet (A), wird die Straße nass (B)"
>
> Symbolisch ausgedrückt: $A \Rightarrow B$ (A impliziert B)
>
> Auch hier gilt nicht der Umkehrschluss „wenn B, muss A".
> „Wenn die Straße nass ist, muss es nicht regnen."

Wenn wir also $f'(x_0) = 0$ haben, dann haben wir bei einem Vorzeichenwechsel ein Extrempunkt.
Da kommt schnell die Frage auf: kann es denn auch mal keinen Vorzeichenwechsel geben? Und was ist es dann?

Die Antwort lautet: ja, das gibt es. Wir nennen es dann **Sattelpunkt**. Sehen wir uns das mal in Fig. 46 an.

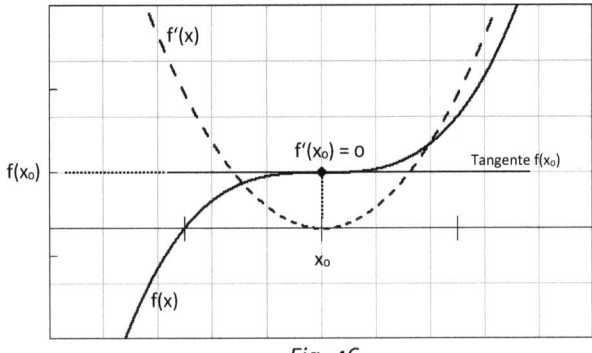

Fig. 46

Hierbei ist zwar die notwendige Bedingung $f'(x_0) = 0$ erfüllt, aber nicht die Hinreichende: es findet **kein Vorzeichenwechsel** der Ableitung f' bei ihrer Nullstelle x_0 statt. Die Funktion ist vor und nach x_0 monoton steigend bzw. $f'(x) > 0$ für $x \neq x_0$.

Das bedeutet für uns: wenn an einer Stelle x_o die Bedingung $f'(x_o) = 0$ erfüllt ist, kann es ein Extrempunkt sein, muss es aber nicht!

Sehen wir uns diese ganze Theorie mal an einem Beispiel an.

Wir haben die Funktion $f(x) = \frac{1}{6}x^6 - \frac{4}{3}x^3$und wollen untersuchen, ob diese Funktion Hoch-, Tief und Sattelpunkte hat.

Als erstes benötigen wir die 1. Ableitung der Funktion f:

$$f(x) = \frac{1}{6}x^6 - \frac{4}{3}x^3$$

$$f'(x) = x^5 - 4x^2$$

Kümmern wir uns um die notwendige Bedingung: $f'(x) = 0$

$$f'(x) = x^5 - 4x^2$$
$$0 = x^5 - 4x^2$$

wir können x^2 ausklammern

$$0 = x^2(x^3 - 4)$$

Ein Produkt ist gleich null, wenn mindestens einer der Faktoren gleich null ist:

$$x^2 = 0$$
$$x_{1,2} = 0$$

sowie

$$x^3 - 4 = 0$$
$$x^3 = 4$$
$$x_{3,4,5} = \sqrt[3]{4}$$

Die 1. Ableitung hat also jeweils eine Nullstellen bei 0 und 1,587.

Als nächstes müssen wir überprüfen, ob die hinreichende Bedingung für die Nullstellen erfüllt ist.

Wir haben damit drei Interfalle:

- $x < 0$
- $0 < x < \sqrt[3]{4}$
- $x > \sqrt[3]{4}$.

Um das Vorzeichen der Steigung in einem Intervall zu bestimmen, können wir einen beliebigen Wert x_0 innerhalb des jeweiligen Intervalls einsetzen. Wir stellen für die drei Bereiche und die beiden Nullstellen eine Tabelle auf:

beliebi-
ger Wert →
des In-
tervalls

Intervall	$x < 0$	$x = 0$	$0 < x < \sqrt[3]{4}$	$x = \sqrt[3]{4}$	$x > \sqrt[3]{4}$
z. B. x_0	-1		1		2
$f'(x_0)$	-5 < 0	0	-3 < 0	0	16 > 0
Steigung von $f(x)$	↘	→	↘	→	↗

Was schließen wir daraus?

An der Nullstelle $x = 0$ haben wir keinen VZW. Vor und nach der Nullstelle ist die Steigung negativ.

→ Wir haben damit einen Sattelpunkt am Punkt P(0 | 0).

Für die Nullstelle $x = \sqrt[3]{4}$ haben wir einen VZW: von Minus nach Plus.

→ Damit haben wir einen Tiefpunkt am Punkt $P(\sqrt[3]{4} \mid -\frac{8}{3})$.

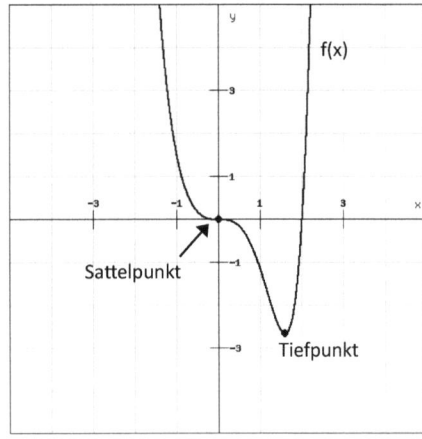

Fig. 47

Wie wir sehen, handelt es sich bei dem Tiefpunkt nicht nur um einen lokalen Tiefpunkt, sondern es ist der globale Tiefpunkt der Funktion.

Bei dem nächsten Aufgabentyp gehen wir Rückwärts vor: aus den Extremwerten, wollen wir eine Skizze des Graphen der Funktion anfertigen:

A) *Wir haben eine ganzrationale Funktion mit folgenden Extrempunkten: $H_1(-1 \mid 1,3)$, $H_2(1 \mid 1,3)$ und $T(0 \mid 1)$.* S.94; 5

1) *Wie könnte ein möglicher Verlauf des Graphen der Funktion aussehen?*

Wir nehmen ein Koordinatenkreuz und zeichnen unsere Punkte H_1, H_2 und T ein.

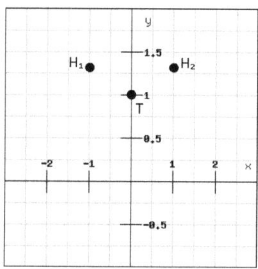

Fig. 48

Nun verbinden wir die Punkte so gut es geht:

H_1 ist ein Hochpunkt, daher muss die Funktion bis zu diesem Punkt steigen und danach wieder abfallen (Fig. 49).

Für den Tiefpunkt T muss der Graph zunächst fallend sein und dann wieder ansteigen (Fig. 50).

H_2 ist wieder ein Hochpunkt, daher muss die Funktion bis zu diesem Punkt wieder steigen und danach abfallen (Fig. 51).

Fertig!

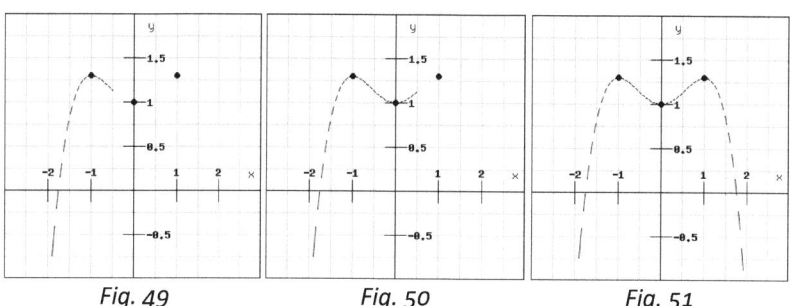

Fig. 49   *Fig. 50*   *Fig. 51*

2) *Zeige, dass die Funktion $f(x) = -0{,}3x^4 + 0.6x^2 + 1$ zu den Angaben zu den Hoch- und Tiefpunkten passt.*

Das bedeutet nichts anderes, als dass wir die Funktion auf Extrempunkte untersuchen müssen, um anschließend zu prüfen, ob die Punkte mit den Vorgaben übereinstimmen.

Als erstes benötigen wir wiederum die 1. Ableitung der Funktion f:

$$f(x) = -0{,}3x^4 + 0.6x^2 + 1$$

$$f'(x) = -1{,}2x^3 + 1{,}2x$$

Für Extrempunkte muss *f'(x) = 0 sein (notwendige Bedingung)*:

$$0 = -1{,}2x^3 + 1{,}2x$$

Wir können *1,2x* ausklammern:

$$0 = 1{,}2x(-x^2 + 1)$$

Ein Produkt ist gleich null, wenn mindestens einer der Faktoren gleich null ist:

$$x_1 = 0$$

Und aus der Klammer ergibt sich:

$$0 = -x^2 + 1$$
$$x^2 = 1$$
$$x_{2,3} = \pm\sqrt{1} = \pm 1$$

Damit haben wir für f'(x) drei Nullstellen. Wir müssen nun überprüfen ob bei den Nullstellen ein VZW auftritt. Wir machen wieder eine Tabelle und setzen einen beliebigen Wert x_0 des jeweiligen Intervalls in f' ein:

Intervall	x < -1	-1 < x < 0	$0 < x < 1$	x > 1
z. B. x_0	-2	-0,5	0,5	2
$f'(x_0)$	7,2 > 0	-0,45 < 0	0,45 > 0	-7,2 < 0
Steigung von f(x)	↗	↘	↗	↘
	↑	↑	↑	
	H_1	T	H_2	

Am 1. Extremwert haben wir einen VZW von $+ \rightarrow -$: Hochpunkt
Am 2. Extremwert haben wir einen VZW von $- \rightarrow +$: Tiefpunkt
Am 3. Extremwert haben wir einen VZW von $+ \rightarrow -$: Hochpunkt

Unsere Funktion hat als bei $x_1 = -1$ einen Hochpunkt, bei $x_2 = 0$ einen Tiefpunkt und bei $x_3 = 1$ einen weiteren Hochpunkt.

Nun benötigen wir noch die entsprechenden Funktionswerte für $f(x)$, d.h. wir setzen die x-Werte in $f(x) = -0{,}3x^4 + 0.6x^2 + 1$ ein und erhalten:

$$H_1(-1 \mid 1{,}3),\ T(0 \mid 1)\ \text{und}\ H_2(1 \mid 1{,}3).$$

Die Extremwerte der Funktion entsprechen also den Vorgaben und der Graph von f und f' sehen wie folgt aus:

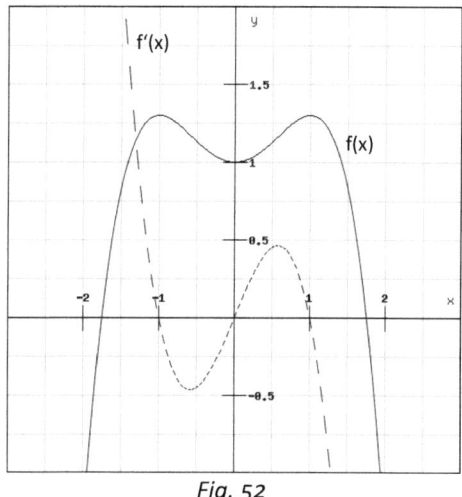

Fig. 52

B) *Bei der letzten Spielemesse wurden alle Besucher eines Tages von* S.95; 12
*9 Uhr bis 18 Uhr gezählt. Die Auswertung hat ergeben, dass man
über Zeit t die Anzahl a der Messebesucher nach der Funktion*

$$a(t) = -0{,}05t^3 + 1.8t^2 - 19{,}4t + 65{,}5$$

abbilden kann (t in Stunden und Anzahl a in 1.000 Personen)

1) Wie viele Besucher stehen um 9 Uhr vor der Tür?
2) Wie viele Besucher sind nach 4 Stunden auf der Messe?
3) Wann sind die meisten Besucher auf der Messe? Wie viele sind es dann?
4) Erfahrungsgemäß gibt es bei den Highlights der Messe eine lange Wartezeit, wenn mehr als 9.000 Besucher anwesend sind. In welchem Zeitraum wäre das? Bestimme den Zeitraum ungefähr mit Hilfe des Graphen (GTR).

1) Die Lösung der Aufgabe sollte kein Problem sein. Wir setzen einfach t = 9 in die Funktion ein:

$$a(t) = -0{,}05t^3 + 1.8t^2 - 19{,}4t + 65{,}5$$
$$a(9) = -0{,}05 \cdot 9^3 + 1.8 \cdot 9^2 - 19{,}4 \cdot 9 + 65{,}5$$
$$a(9) = 0{,}25$$

Nicht vergessen: a wird pro 1.000 Personen berechnet.

Ergebnis: Um 9 Uhr waren bereits 250 Messebesucher vor Ort.

2) Das ist eigentlich die gleiche Aufgabe, nur für die Zeit 9 Uhr plus vier Stunden; also für den Zeitpunkt 13 Uhr:

$$a(t) = -0{,}05t^3 + 1{,}8t^2 - 19{,}4t + 65{,}5$$
$$a(13) = -0{,}05 \cdot 13^3 + 1{,}8 \cdot 13^2 - 19{,}4 \cdot 13 + 65{,}5$$
$$a(13) = 7{,}65$$

Ergebnis: Nach vier Stunden waren 7.650 Messebesucher vor Ort.

3) Wenn die meisten Besucher anwesend sind, muss die Funktion a einen Hochpunkt aufweisen. Dazu benötigen wir die Ableitung a'.

$$a(t) = -0{,}05t^3 + 1{,}8t^2 - 19{,}4t + 65{,}5$$
$$a'(t) = -0{,}15t^2 + 3{,}6t - 19{,}4$$

Für einen Extrempunkt muss a'(t_0) = 0 sein (notwendige Bedingung):
$$a'(t) = -0{,}15t^2 + 3{,}6t - 19{,}4$$
$$0 = -0{,}15t^2 + 3{,}6t - 19{,}4 \qquad | \div (-0{,}15)$$
$$0 = t^2 - 24t + 129{,}3$$

Wir wenden die p/q-Formel an:

$$t_{1,2} = -\frac{-24}{2} \pm \sqrt{\frac{24^2}{4} - 129,3}$$

$$t_{1,2} = 12 \pm \sqrt{14,67}$$

$$t_{1,2} = 12 \pm 3,83$$

$$t_1 = 15,83$$

$$t_2 = 8,17$$

Jetzt muss noch die hinreichende Bedingung überprüft werden: findet ein VZW statt?
Wir müssen nur t_1 untersuchen, da zum Zeitpunkt t_2 (8,17 = 08:10 Uhr) die Messe noch geschlossen war.
Wir sehen uns also die beiden Intervalle vor und nach t_1 an:

$$9 < t_1 < 15,83 \quad \text{und} \quad 15,83 < t_1 < 18$$

Um das Vorzeichen einer Steigung zu ermitteln, können wir einen beliebigen Wert des jeweiligen Intervalls in die Ableitung einsetzen.

$$a'(t) = -0,15t^2 + 3,6t - 19,4$$

Für das erste Intervall wähle ich den Wert 10 und erhalten dann: $a'(10) = 1,6$. Die Steigung ist vor unserem Extrempunkt also positiv.
Für das zweite Intervall wähle ich 17 und erhalte $a'(17) = -1,55$. Die Steigung nach dem Extrempunkt ist negativ. Wir haben ein VZW von Plus nach Minus. Das entspricht einem Hochpunkt.

Jetzt fehlt uns noch die Anzahl der Besucher für t_1. Wir setzen t_1 in unsere Ursprungsfunktion ein:

$$a(t) = -0,05t^3 + 1,8t^2 - 19,4t + 65,5$$

$$a(15,83) = -0,05 \cdot 15,83^3 + 1,8 \cdot 15,83^2 - 19,4 \cdot 15,83 + 65,5$$

$$a(15,83) = 11,117$$

Ergebnis: um 15:50 Uhr (= 15,83) haben wir die höchste Besucherzahl mit 11.117 Besuchern.

4) Bei dieser Aufgabe müssen wir endlich mal nicht rechnen. Wir schauen uns einfach den entsprechenden Graphen an:

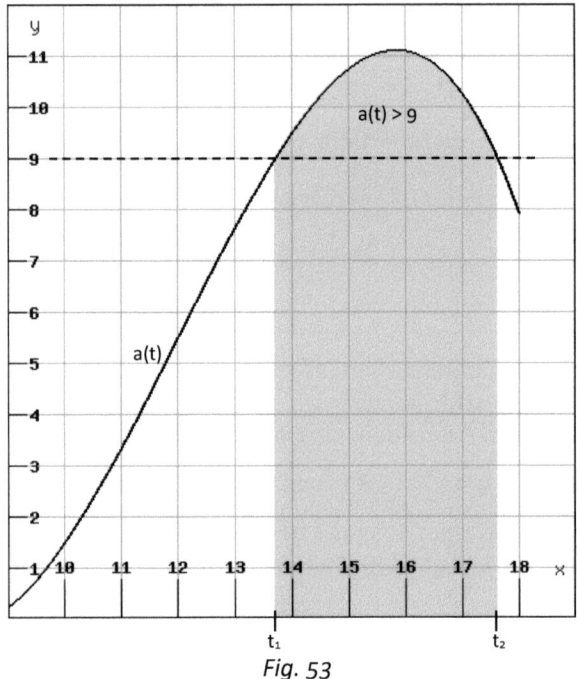

Fig. 53

Wir können ungefähr ablesen:
$t_1 = 13{,}7$ → 13:42 Uhr
$t_2 = 17{,}6$ → 17:36 Uhr

Ergebnis zwischen 13:42 Uhr und 17:36 Uhr sind mehr als 9.000 Besucher bei der Messe.

Okay, das soll es zu diesem Thema gewesen sein.

3.4 Mathematische Begriffe in Sachzusammenhängen

LERNZIELE:
- **Anwendung bei Alltagssituationen**

Dieses Kapitel enthält keinen neuen Stoff, sondern zeigt auf, wie man das bisher gelernte für sogenannte Alltagssituationen bzw. -fragen einsetzen kann (im Mathebuch findet ihr hierzu einige Beispiele (S. 96)). Das bedeutet, es geht in diesem Kapitel „nur" um das Üben von Aufgaben.

Bei solchen Alltagsfragen wird oftmals nur ein bestimmter Teil (Intervall) einer Funktion betrachtet. Wir haben dieses im letzten Kapitel in Aufgabe 4 bereits auch schon so angewendet. Wir haben nur den Zeitraum von 9 – 18 Uhr betrachtet. Ein wichtiger Punkt muss in diesem Zusammenhang erwähnt werden:
Extrempunkte können auch an den Grenzen des Definitionsbereichs auftreten!

Dann üben wir nun ein wenig. Fangen wir erst einmal langsam an:

A) *Wir haben eine Funktion f(t), die die Höhe von Maispflanzen in Metern während des Wachstums angibt. Wie lauten die mathematischen Beschreibungen zu folgenden Alltagsbegriffen:* S.98; 1

1) *Nach 3 Wochen ist die Maispflanze 25 cm hoch.*
2) *Nach 17 Wochen endet das Wachstum der Pflanze.*
3) *Wann ist das Wachstum am größten?*

1) Nach der Zeit t = 21 Tage ist eine Höhe von s = 0,2 m erreicht
   → f(21) = 0,2 m

2) Wenn kein Wachstum vorhanden ist, gibt es auch keine Steigung mehr: bedeutet f' = 0; die Funktion hat also ein Maximum erreicht:

   Lösung: Nach 17·7 Tage = 119 Tage hat die Wachstumsfunktion f(t) ein globales Maximum → f'(119) = 0 mit einem VZW + → -

3) Die Wachstumsrate wird ja durch die Steigung der Funktion f ausgedrückt. D. h., wir müssen die Steigung f' betrachten und uns fragen, wann diese am größten ist. Also wann hat $f'(t)$ ein Maximum? Dafür müssen wir die Ableitung für f' bilden → f''

Lösung: $f''(t) = 0$: f'' bilden und t berechnen

S.99; 4

B) *Der Temperaturverlauf (in Grad Celsius) eines Gartenpools hatte für die Zeit von 7 Uhr bis 21 Uhr ungefähr folgende Funktion:*

$$f(t) = -0{,}011t^3 + 0{,}28t^2 - 0{,}7t + 10$$

1) Welche Temperatur hatte der Pool um 11 Uhr?

Wir können einfach t = 11 in unsere Ausgangsformel einsetzen:

$$f(t) = -0{,}011t^3 + 0{,}28t^2 - 0{,}7t + 10$$
$$f(11) = -0{,}011 \cdot 11^3 + 0{,}28 \cdot 11^2 - 0{,}7 \cdot 11 + 10$$
$$f(11) = 21{,}5$$

Um 11 Uhr hatte der Pool eine Temperatur von 21,5 °C

2) Welche durchschnittliche Temperaturänderung trat zwischen 8 und 14 Uhr auf?

Für die Berechnung der <u>durchschnittlichen</u> Temperaturänderung nutzen wir unser Wissen aus Kapitel 2.1:

$$\frac{f(t_0 + h) - f(t_0)}{h}$$

Für t_0 = 8 und h = 6 (= 14 - 6)

$$\frac{f(8 + 6) - f(8)}{6} = \frac{f(14) - f(8)}{6}$$

Hierfür rechnen wir zunächst die Temperaturen für 8 und 14 Uhr aus:

$$f(8) = -0{,}011 \cdot 8^3 + 0{,}28 \cdot 8^2 - 0{,}7 \cdot 8 + 10$$
$$f(8) = 16{,}7$$

$$f(14) = -0{,}011 \cdot 14^3 + 0{,}28 \cdot 14^2 - 0{,}7 \cdot 14 + 10$$
$$f(14) = 24{,}9$$

Jetzt können wir die Steigung berechnen:

$$\frac{f(14) - f(8)}{14 - 8} = \frac{24,9 - 16,7}{6} \cdot \frac{°C}{h} = 1,37 \frac{°C}{h}$$

(Hier mal mit Einheiten gerechnet)

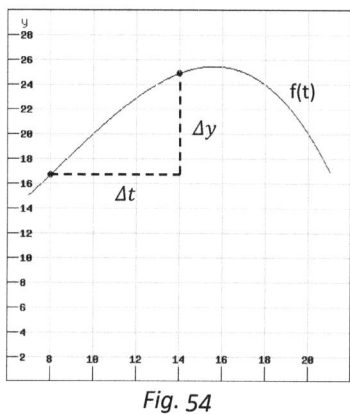

Fig. 54

Die durchschnittliche Temperaturerhöhung zwischen 8 und 14 Uhr betrug $1,37\frac{°C}{h}$.

2) *Wie war die momentane Temperaturänderung um 12 Uhr?*

Für die <u>momentane</u> Temperaturänderung benötigen wir die 1. Ableitung:

$$f(t) = -0,011t^3 + 0,28t^2 - 0,7t + 10$$
$$f'(t) = -0,033t^2 + 0,56t - 0,7$$

Nun können wir die momentane Änderung für 12 Uhr ausrechnen, indem wir t = 12 einsetzen:

$$f'(t) = -0,033t^2 + 0,56t - 0,7$$
$$f'(12) = -0,033 \cdot 12^2 + 0,56 \cdot 12 - 0,7$$
$$f'(12) = 1,27$$

Um 12 Uhr lag die momentane Temperaturänderung bei 1,27.

3) Wann war der Pool am wärmsten?

Wenn der Pool am wärmsten ist, muss die Funktion einen Maximalwert aufweisen. Wir wissen, dass dann die 1. Ableitung gleich null sein muss:

$$f'(t) = -0{,}033t^2 + 0{,}56t - 0{,}7$$
$$0 = -0{,}033t^2 + 0{,}56t - 0{,}7 \qquad | \div -0{,}033$$
$$0 = t^2 - 16{,}97t + 21{,}21$$

Das schreit nach der p/q-Formel:

$$t_{1,2} = -\frac{-16{,}97}{2} \pm \sqrt{\frac{16{,}97^2}{4} - 21{,}21}$$
$$t_{1,2} = 8{,}49 \pm \sqrt{50{,}79}$$
$$t_{1,2} = 8{,}49 \pm 7{,}12$$
$$t_1 = 1{,}37$$
$$t_2 = 15{,}61$$

Die Funktion hat also zwei Extrempunkte. Den Ersten bei $t_1=1{,}37$ (01:22 Uhr) können wir unberücksichtigt lassen, da er außerhalb unseres Beobachtungintervalls liegt.

Für t_2 (15:37 Uhr) müssen wir nun überprüfen, ob ein Vorzeichenwechsel (VZW) stattfindet, damit es ein Extrempunkt sein kann.

Wir betrachten die Intervalle $(7 < t < 15{,}61)$ und $(15{,}71 < t < 21)$. Wir setzen wieder einen beliebigen Wert aus dem jeweiligen Intervall in die 1. Ableitung ein, um zu sehen, ob die Funktion in dem Intervall eine positive oder negative Steigung hat.

1. Intervall: ich wähle die 10:
$$f'(10) = -0{,}033 \cdot 10^2 + 0{,}56 \cdot 10 - 0{,}7 = 1{,}6$$
→ positive Steigung

2. Intervall: ich wähle die 20:
$$f'(20) = -0{,}033 \cdot 20^2 + 0{,}56 \cdot 20 - 0{,}7 = -2{,}7$$
→ negative Steigung

Es findet ein VZW von plus nach minus statt: t_2 ist ein Hochpunkt.

Ergebnis: Um 15:37 Uhr hatte der Pool seine höchste Temperatur.

3.5 Extremstellen und zweite Ableitung

LERNZIELE:
- **Bedeutung f''(x) ≠ 0**
- **Hoch- / Tiefpunkt bestimmen**

Seltsamerweise ist dieses Kapitel in eurem Mathebuch nur ein Exkurs. Es ist jedoch sehr wichtig, um festzustellen, ob ein Extrempunkt ein Hoch- oder Tiefpunkt ist, ohne aufwendig auf Vorzeichenwechsel zu prüfen.

Wir wissen, wenn eine Funktion f an der Stelle x_0 einen Extremwert hat, ist die Ableitung $f'(x_0) = 0$.

Wir wissen auch, dass sich das Vorzeichen der Steigung der Ableitung an diesem Punkt ändern muss, wenn es ein Hoch- oder Tiefpunkt ist. Das bedeutet, an der Stelle x_0 die 1. Ableitung durch die x-Achse gehen muss; sie darf die x-Achse nicht nur berühren. Sehen wir uns das mal am Graphen an:

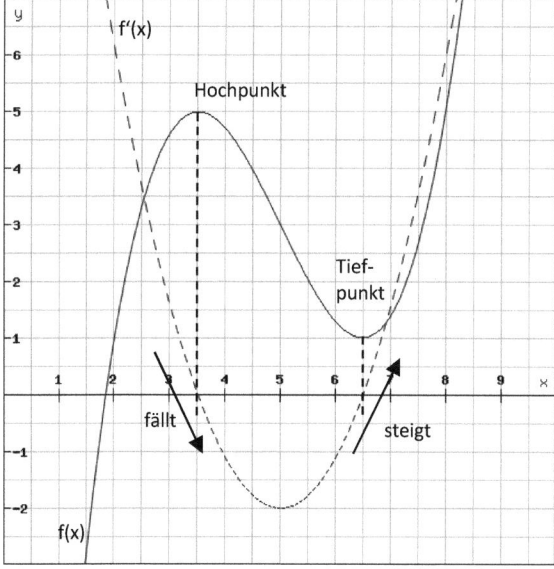

Fig. 55

133

Bei einem Hochpunkt kommt die 1. Ableitung (Fig. 55 gestrichelt) aus dem Positiven und geht im Negativen weiter → die 1. Ableitung hat hier eine negative Steigung.
Um die Steigung der 1. Ableitung zu erhalten, müssen wir diese erneut ableiten: wir bilden die 2. Ableitung und erhalten $f''(x)$.
Da die Steigung negativ sein soll, muss die 2. Ableitung, wie gesagt, an diesem Punkt negativ sein: $f''(x) < 0$

Und damit haben wir schon unsere Regel: Wenn $f'(x) = 0$ und $f''(x) < 0$ haben wir einen **Hochpunkt.**

Mit dem Tiefpunkt können wir ähnlich verfahren. Bei ihm kommt die 1. Ableitung (Fig. 55 gestrichelt) aus dem Negativen und geht im Positiven weiter → die 1. Ableitung hat hier eine positive Steigung.
Um die Steigung der 1. Ableitung zu erhalten, bilden wir ebenso die 2. Ableitung: $f''(x)$.
Da die Steigung positiv sein soll, muss die 2. Ableitung folglich an diesem Punkt positiv sein: $f''(x) > 0$

Und damit haben wir die nächste Regel: Wenn $f'(x) = 0$ und $f''(x) > 0$ haben wir einen **Tiefpunkt.**

Aber sehen wir uns das mal an einem konkreten Beispiel an. Im letzten Kapitel in Aufgabe C3 hatten wir die Funktion

$$f(t) = -0,011t^3 + 0,28t^2 - 0,7t + 10$$

und deren 1. Ableitung

$$f'(t) = -0,033t^2 + 0,56t - 0,7$$

Wir hatten festgestellt, dass es an der Stelle $t_0 = 15,61$ einen Extrempunkt geben könnte. Aber anstelle zu prüfen, ob ein VZW stattfindet, bilden wir nun die 2. Ableitung und setzen dort t_0 ein:

$$f''(t) = -0,066 \cdot t + 0,56$$
$$f''(15,61) = -0,066 \cdot 15,61 + 0,56$$
$$f''(15,61) = -0,47 < 0$$

$f''(t_0) < 0$ → es handelt sich um einen Hochpunkt.

Das ging nun etwas schneller, als einen VZW zu prüfen, oder?
Also fassen wir nochmals zusammen:

Wenn:

f'(x) = 0 und **f''(x) > 0**   dann **Tiefpunkt**

f'(x) = 0 und **f''(x) < 0**   dann **Hochpunkt**

Das entspricht den hinreichenden Bedingungen.

Zur Festigung noch eine kleine Übung:

A) *Welche Extrempunkte hat die folgende Funktion und wo liegen*   S.105; 5
   diese? $f(x) = 3x^3 - 4{,}5x^2 + 8$

Wir bilden die 1. und 2. Ableitung:

$$f'(x) = 9x^2 - 9x$$
$$f''(x) = 18x - 9$$

Notwendige Bedingung: *f'(x) = 0*

$$0 = 9x^2 - 9x$$

Wir können *9x* ausklammern:

$$0 = 9x(x - 1)$$

Und wieder die alte Leier: Ein Produkt ist gleich null, wenn mindestens einer der Faktoren gleich null ist:

$$x_1 = 0$$
$$x_2 - 1 = 0 \qquad | + 1$$
$$x_2 = 1$$

Bei $x_1 = 0$ und $x_2 = 1$ haben wir also einen potenziellen Extrempunkt. Wir nutzen nun die hinreichende Bedingung und überprüfen durch Einsetzen in die 2. Ableitung:
für $x_1 = 0$

$$f''(0) = 18 \cdot 0 - 9$$
$$f''(0) = -9$$
$$f''(0) < 0$$

→ Bei $x_1 = 0$ hat die Funktion einen Hochpunkt

für $x_2 = 1$

$$f''(0) = 18 \cdot 1 - 9$$
$$f''(0) = 9$$
$$f''(0) > 0$$

→ Bei $x_1 = 0$ hat die Funktion einen Tiefpunkt

Jetzt berechnen wir noch die Koordinaten der Extrempunkte, durch Einsetzen der x-Werte in unsere Ausgangsfunktion:

$$f(x) = 3x^3 - 4{,}5x^2 + 8$$

Hochpunkt:

$$f(0) = 3 \cdot 0 - 4{,}5 \cdot 0 + 8$$
$$f(0) = 8$$

Tiefpunktpunkt:

$$f(1) = 3 \cdot 1 - 4{,}5 \cdot 1 + 8$$
$$f(1) = 6{,}5$$

Lage des Hochpunkts: H(0 | 8)
Lage des Tiefpunkts: T(1 | 6,5)

Sehen wir uns den Graphen dazu an, um zu prüfen, ob unsere Ergebnisse korrekt sind:

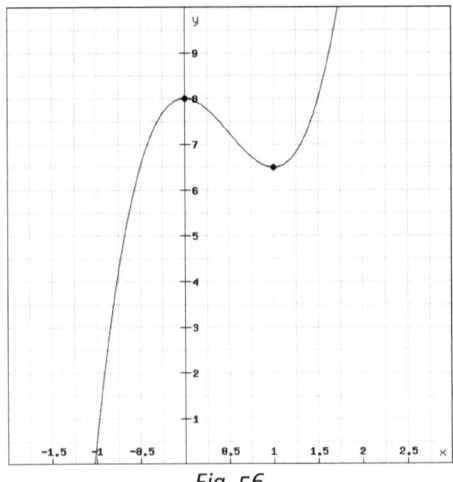

Fig. 56

4 Nachwort

So, geschafft! Zumindest das halbe Mathebuch.

Ich habe mich bemüht, alles recht genau zu erklären und es an den Beispielaufgaben zu erläutern. Ich hoffe, dass das mir auch wirklich gelungen ist und du mir bisher folgen konntest. Na klar, ab und zu musstest du etwas zweimal lesen. Du bist ja jetzt auch in der Oberstufe, da ist es nicht immer einfach, alles zu verstehen. Aber in Kombination mit deinem Unterricht und dem Mathebuch sollte es spürbar leichter geworden sein, die gestellten Aufgaben zu lösen. Daher hoffe ich, dass deine Mathearbeiten zu deiner Zufriedenheit ausgefallen sind.

Jetzt aber erst einmal eine kleine Pause, bevor es mit der zweiten Hälfte weitergeht, die ich im nächsten Band behandele. Der 2. Band beinhaltet folgende Themen:
- Vektoren
- Wahrscheinlichkeit
- Potenzen in Termen und Funktionen

Wie es sich für ein Nachwort behört, möchte ich mich natürlich auch bedanken. Und zwar bei Anna, die alles Korrekturlesen „musste" und mir immer wieder Tipps für Verbesserungen gegeben hat.
♥-lichen Dank!

Wenn du irgendwelche Verbesserungsvorschläge hast, Fehler gefunden hast (die sich leider immer wieder mal einschleichen) oder sonst irgendetwas zum Buch loswerden möchtest, dann schreib mir unter: **EF.nrw@DocLambacher.de**.
Ich bin für jede Rückmeldung dankbar.

Dann bleibt mir nur noch, dir weiterhin viel Erfolg zu wünschen. Immer schön am Ball bleiben! Und vielleicht „sehen" wir uns ja im nächsten Band wieder.

Dein

Doc Lambacher

Schlagwortverzeichnis

Anhang

Funktionsgraphen
erstellt mit: www.rechneronline.de/funktionsgraphen/

Bildnachweis

Coverbild:
„achterbahn-freizeitpark-526534":
© shijingsjem – Beijing (China)
license free by pixabay; Download: 25.08.2021

Emojis: © Google
license free by Apache License 2.0

Sonstige Abbildungen wurden vom Autor erstellt.

Literaturverzeichnis
Lambacher Schweizer - Einführungsphase (NRW). (2014). Klett.